JN065356

はじめに

　近年、パソコン上で行う作業を自動化するRPA（Robotic Process Automation）が普及してきています。従来は、Excelのデータ転記やPDFからの画像抽出、Webへのデータ転記などを手作業で行う必要があり、これらに多くの時間と労力をかけるのが普通でした。しかしRPAを導入すれば、このような定型作業をかんたんな操作で一気に処理し、業務を大幅に効率化することができるため、個人はもちろん、様々な企業や組織からも注目されるようになってきているのです。

　Power Automateは、そのようなRPAを実現できる代表的なツールです。プログラミングの知識をほとんど必要とせず、日常言語で命令が書かれたブロックをドラッグ操作で組み立てるだけで、誰にでもかんたんに扱うことができます。ファイルやフォルダーの管理はもちろん、ExcelやPDFツール、Webブラウザーなど、パソコン上の様々なアプリケーションを柔軟にコントロールすることができるため、幅広いシーンで活躍してくれるでしょう。

　本書では、はじめての方でも迷わないよう、Power Automateの使い方を1からていねいに解説しています。学習を進めながらできることを増やしていき、ぜひ日々の業務に活用していただければ幸いです。

2023年5月
FOM出版

CONTENTS

CHAPTER 4

❯ ファイルやフォルダーを操作しよう

CHAPTER 5

❯ PDFを操作しよう

CHAPTER 6

● Excelを操作しよう

CHAPTER 7

● Webを操作しよう

CHAPTER 8

応用テクニックに挑戦しよう

本書をご利用いただく前に

本書で学習を進める前に、ご一読ください。

① 本書の記述について

本書で説明のために使用している記号には、次のような意味があります。

記述	意味	例
「 」	重要な語句や用語、操作対象、画面の表示を示します。	「ファイル」アクショングループ

⚡ **POINT** Power Automateを操作する際の注意事項や便利なテクニックについて紹介しています。

✓ **COLUMN** 本文の内容と関連がある応用的な内容や、補足事項について解説しています。

② 製品名の記載について

本書で説明のために使用している記号には、次のような意味があります。

正式名称	本書で使用している名称
Microsoft Power Automate	Power Automate、デスクトップ向けPower Automate、Web向けPower Automate
Microsoft Windows 11	Windows 11
Microsoft Windows 10	Windows 10
Microsoft Excel for Microsoft 365	Excel
Microsoft Word for Microsoft 365	Word

③ 学習環境について

本書は、インターネットに接続できる環境で学習することを前提にしています。

また、本書の記述は、2023年4月時点のPower Automate、Windows 11に対応していますが、使用する製品やバージョンによって画面構成・アイコンの名称などが異なる場合があります。

本書を開発した環境は、次のとおりです。

ソフトウェア	バージョン
Power Automate	Power Automate （バージョン 2.30.208.23075）
OS	Windows 11 Pro （バージョン 22H2 ビルド 22621.1413）
Excel	Microsoft Excel for Microsoft 365 MSO （バージョン 2302 ビルド 16.0.16130.20186）
Word	Microsoft Word for Microsoft 365 MSO （バージョン 2302 ビルド 16.0.16130.20186）

※本書は、2023年4月時点の情報に基づいて解説しています。今後のアップデートによって機能が更新された場合には、本書の記載の通りに操作できなくなる可能性があります。
※Windows 11のバージョンは、■（スタート）（→「すべてのアプリ」）→「設定」→「システム」→「バージョン情報」で確認できます。Excelのバージョンは、「ファイル」タブ→「アカウント」→「Excelのバージョン情報」で確認できます。また、Wordのバージョンは、「ファイル」タブ→「アカウント」→「Wordのバージョン情報」で確認できます。

④ 学習ファイルのダウンロードについて

本書で使用するファイルは、FOM出版のホームページで提供しています。ダウンロードしてご利用ください。

※アドレスを入力するとき、間違いがないか確認してください。

ホームページアドレス	検索用キーワード
https://www.fom.fujitsu.com/goods/	FOM出版

学習ファイルをダウンロードする方法は、次の通りです。

❶ Webブラウザーを起動し、FOM出版のホームページを表示します（アドレスを直接入力するか、「FOM出版」でホームページを検索します）。

❷ 「ダウンロード」をクリックします。

❸ 「アプリケーション」の「Power Platform」をクリックします。

❹ 「よくわかる Power Automate ではじめる業務自動化入門 FPT2223」をクリックします。

❺ 「書籍学習用データ」の「fpt2223.zip」をクリックします。

❻ ダウンロードが完了したら、Webブラウザーを終了します。

※ダウンロードしたファイルは、パソコン内の「ダウンロード」フォルダーに保存されます。

◆ 学習ファイル利用時の注意事項

・学習ファイルには、Power Automateのデータの他に、各SECTIONで使用するフォルダーも用意されています。SECTIONごとに、そのフォルダーを、パソコンの「Cドライブ」にコピーして使用してください。フォルダー名が重複するものもあるため、各SECTIONで扱うフォルダーを区別したい場合は、フォルダー名を任意のものに変更して使用してください。

・ダウンロードした学習ファイルを開く際、そのファイルが安全かどうかを確認するメッセージが表示される場合があります。学習ファイルは安全なので、「編集を有効にする」をクリックして、編集可能な状態にしてください。

・学習データに含まれる画像データなどを複製して他のデータに利用することは禁止されています。

❺ 本書の最新情報について

　本書に関する最新のQ&A情報や訂正情報、重要なお知らせなどについては、FOM出版のホームページでご確認ください（アドレスを直接入力するか、「FOM出版」でホームページを検索します）。

※アドレスを入力するとき、間違いがないか確認してください。

ホームページアドレス	検索用キーワード
https://www.fom.fujitsu.com/goods/	FOM出版

1

·····

RPAとは

RPAの具体的な扱い方を覚える前に、まず
はそもそもRPAがどのようなものなのかを確
認しておきます。RPAが得意とする作業と苦
手とする作業を区別したうえで、注意すべき
ポイントなども把握して、より適切な運用を
目指しましょう。

01 | RPAにできること

RPAはパソコンの作業を自動化してくれるものです。しかし、具体的にどのような作業を自動化できるのでしょうか。RPAにも、できることとできないことがあります。両者をよく区別しながら、その特徴を押さえていきましょう。

❯ 様々な作業を自動化するRPA

　そもそもRPAとは「Robotic Process Automation」の略で、パソコン上で行う作業をロボットによって自動化するものです。このRPAを行うためのアプリケーションをRPAツールと呼びますが、これをパソコンなどにインストールし、命令を与えることによって、人のかわりにパソコン上の様々な作業を自動で処理させるというわけです。

　自動化と聞くと、Excelの作業を自動化する、マクロVBAを思い起こす人もいるでしょう。実際に、Excelに関しては同様の作業をRPAツールで自動化できますが、RPAツールが自動化できるのはExcelに限りません。WordやPDFツール、Webブラウザーをはじめ、パソコン上の様々なアプリケーションを柔軟にコントロールできるのです。この自由度の高さこそ、RPAの魅力の1つです。

　そしてRPAツールのもう1つの魅力は、より感覚的に作業命令を出せることです。例えばマクロVBAでは、難解なコードを使いこなさなければなりませんが、一般的なRPAツールは、こうしたコードをあまり必要としません。このようにコードをほとんど使わない開発手法のことを「ローコード」といいますが、こうしたローコードのRPAツールは、大抵は下のように理解しやすい言葉で書かれたブロックを組み合わせて命令を作ります。そのため、プログラミングが得意ではない人でも運用しやすいのです。

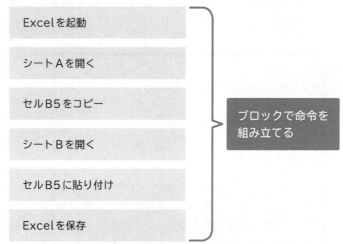

●RPAツールの命令のイメージ

| Excelを起動 |
| シートAを開く |
| セルB5をコピー |
| シートBを開く |
| セルB5に貼り付け |
| Excelを保存 |

ブロックで命令を組み立てる

❯ RPAツールが得意な作業

　では、RPAツールでは具体的にどのような作業を自動化できるのでしょうか。ひと言でまとめれば、機械的で明確な作業です。イメージしやすいよう、シンプルな例から紹介してみましょう。例えば、Excelで表のデータを別の表に転記することがその代表です。ちょうどP.10のイメージで示したように、作業手順がはっきりしているため、判断に迷うことがないのです。そして、Excelファイルが膨大にあり、この転記をいくつも繰り返し行うとしたら、人力では時間も労力もかかるでしょうが、RPAツールはそういった繰り返し処理を苦にしません。また、あらかじめ決められた条件に合致するかどうかを判断することも得意であるため、文書やデータなどをチェックしたり仕分けたりする作業にも適しています。

　このように、定型的な作業なら多くはRPAツールが瞬時に処理できるため、業務の効率を上げるツールとして注目され、活用が進んでいるのです。

RPAが 得意な作業	・機械的で明確な作業 ・繰り返しの処理が多い作業 ・条件が満たされるかチェックする作業

❯ RPAツールが苦手な作業

　しかし、RPAツールはあいまいな作業をうまくこなせません。例えば、多くの画像ファイルの中から人が写っているものだけを選別する、といったものです。こうした作業は高度なAIにはこなせますが、RPAツールは一般的にはAIと異なり、まず対応できません。

　また、人によって違いが出るような高度な判断が求められる作業も苦手です。例えば、文書の良し悪しを判断するといった作業などが挙げられるでしょう。同様に、手順が明確に決められておらず、イレギュラーな対応が必要になる作業も不得意です。

RPAが 苦手な作業	・あいまいな作業 ・高度な判断が必要な作業 ・イレギュラーな対応が必要な作業

✓ COLUMN　AIとの違い

　AIは「Artificial Intelligence」、つまり「人工知能」として開発されているものであり、高度判断が求められる作業をこなすことを目的としています。一方のRPAツールは、基本的には明確にプログラムされた命令を機械的に実行することを目的としており、高度な判断は行えません。高度なRPAツールにはAIを一部活用したものもありますが、根本的には異なります。

02 RPAツールの種類

RPAツールには、ビジネス環境に応じた様々な種類があります。大きく分けて、デスクトップ型、サーバー型、クラウド型の3つがあり、それぞれ特徴が異なります。長所と短所に注目しながら、具体的に確認しましょう。

❯ デスクトップ型

　WordやExcelといった一般的なアプリケーションと同様に、パソコン自体にインストールして使用するRPAツールが、このデスクトップ型です。つまり、パソコンが1台あれば運用を開始できるため、非常に手軽に導入できるうえ、コストもあまりかかりません。そのため、中小企業やSOHO、個人にも適していると言えるでしょう。本書で解説する「デスクトップ向けPower Automate」も、このデスクトップ型に分類されます。

　デスクトップ型は個々のパソコンで個別に運用できるため、それぞれの業務の担当者が最適な運用を行いやすい点も魅力です。例えば、組織全体でこのようなツールを運用する場合、管理体制が複雑になりがちで、小回りが利きやすいとは言えません。しかしデスクトップ型の場合、現場の社員個々人がそれぞれ自分のパソコンにRPAツールをインストールして、おのおの個別の作業に対して運用することになるため、組織内での調整などに労力を費やさなくて済みます。

　裏を返せば、運用が属人化しやすく、運用スキルが共有されにくい部分もあると言えるでしょう。RPAツールを高度に使いこなしていた業務の担当者が退職した場合、その穴をうまく埋められなくなるかもしれません。部署を横断した運用がしにくいことも、デスクトップ型のデメリットです。

デスクトップ型のメリット	デスクトップ型のデメリット
・低コストで手軽に導入できる ・個別の業務で最適な運用ができる	・運用が属人化しやすい ・組織的に運用しにくい

● デスクトップ型のイメージ

サーバー型

　一方、組織的にRPAを運用する場合に適しているのは、サーバー型です。オンプレミス型、つまり自社内に設置されているタイプのサーバーにRPAツールをインストールして個々のパソコンから操作する形になるため、組織全体としての一括管理が可能なのです。部署間の連携が重要になる業務や、組織全体の情報を管理する業務に適していると言えるでしょう。セキュリティが強固なオンプレミス型サーバー内でデータを扱うことから、情報漏えいのリスクも下げられます。

　ただし、サーバー上に環境を構築する必要があるため、導入や運用管理はかんたんではありません。また、大規模な運用になるぶん、コストもかさみます。

CHAPTER 1 RPAとは

サーバー型のメリット	サーバー型のデメリット
・組織全体で運用管理できる ・セキュリティが強固	・導入や運用管理の難度が高い ・高いコストがかかる

クラウド型

　最後のクラウド型は、ベンダーが提供するクラウド上のサーバーにあるRPAツールを活用するタイプです。サーバーを用意する必要も、パソコンにツールをインストールする必要もありません。導入のハードルが低く、コストも抑えられるため、小規模事業にも適しています。また、クラウドサービスとの連携にすぐれていることも魅力です。

　しかし、運用範囲がクラウド上に限られるため、パソコン内のアプリケーションやデータは扱えません。また、ベンダーのクラウドサーバーを扱うため、セキュリティにも不安が残ります。

クラウド型のメリット	クラウド型のデメリット
・導入しやすくコストも安い ・クラウドサービスと連携しやすい	・運用がクラウド上に限られる ・セキュリティに不安がある

● COLUMN 　開発型のRPAツールもある

デスクトップ型、サーバー型、クラウド型のほかに、開発型と呼ばれるものもあります。デスクトップ型、サーバー型、クラウド型は、実行できる処理の範囲が基本的には定められているため、カスタマイズ性はあまり高くありません。一方で開発型は、自社のシステムに合わせて1からRPAツールを開発するものであり、柔軟なカスタマイズ性が魅力です。ただし開発型は、PHPやJava、C言語などのプログラミング言語を扱うため、運用には高度なプログラミングのスキルが必要です。

03 RPAの注意点

様々な業務を効率化し、時間と労働力を大幅に節約できるRPAですが、注意すべきデメリットもあります。意図しない処理やセキュリティのリスクなどにより、業務に支障が出るおそれがあるため、あらかじめ確認しておきましょう。

● 意図しない処理の発生

　RPAツールによって実行される命令は、対応するアプリケーションやデータに対して即座に反映される、強制力のあるものです。命令の形式が不完全であれば命令は実行されませんが、命令が実行できるものでありさえすれば、その命令どおりにファイルが書き換えられたり、ファイルが削除されたりします。たとえその命令が意図しない間違ったものであっても、「本当にファイルを書き換えますか？」「本当にファイルを削除しますか？」といった親切な警告は表示されません。そのため、処理の対象となるファイルや処理内容が間違った命令を実行すれば、取り返しのつかないデータ損傷につながることもありうるのです。

　このような意図しない処理が発生しないよう、命令を作成する際に十分注意しなければならないのはもちろんですが、構築した命令をテストする前に、データのバックアップを取り、間違いがあっても復旧できるようにしておきましょう。また、正しい命令が構築できた後であっても、油断はできません。処理の対象となっているファイルのあるフォルダーの構造が変更されたり、ファイル内の文書フォーマットが変更されたりすると、意図しない処理が発生することもあるからです。扱うファイルの場所やフォーマットを変更した場合は、必ずRPAの命令もあわせて変更するようにしましょう。

意図しない処理に注意！	・データをバックアップして復旧できるようにしておく ・扱うファイルを変更したらRPAの命令も変更する

●意図しない処理に備える

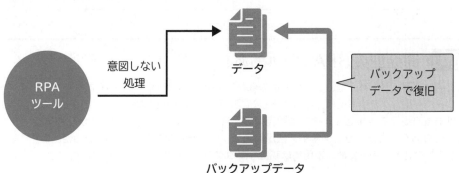

● セキュリティのリスク

　RPAではセキュリティにも落とし穴があります。この場合もまず、意図しない処理が発生しないよう注意しましょう。間違った命令によって、外部に機密情報がメール送信されてしまったり、パスワードやIDが含まれたデータが想定外のファイルに転記され、部外者に共有されてしまったりすることがあるからです。

　また、社外や部署外からの不正アクセスによってRPAツールが不正操作されるリスクもあります。アカウント情報が関係者外に流出しないよう厳重に管理したうえ、パスワードをこまめに変更するようにしましょう。

セキュリティ に注意！	・機密情報の外部への送信や共有に注意する ・アカウント情報を厳重に管理し、パスワードもこまめに変更する

● 処理のブラックボックス化

　最後に注意したいのは、処理の具体的な内容がわからなくなる、ブラックボックス化です。例えばRPAツールを高度に使いこなしていた社員がいたとしましょう。しかし、その社員が異動や退職などによってその業務を離れた場合、後任の社員がRPAツールの処理内容を理解できず、うまく業務をこなせなくなるかもしれません。特に、デスクトップ型RPAツールなどで社員個々人が個別に運用している場合、こうした属人化が発生しやすくなります。日頃から運用情報を部署内で共有しておくとよいでしょう。

　また、RPAの活用が日常化すると、現場のスキルが低下し、人力で処理が再現できなくなってしまうリスクもあります。RPAツールが不測の事態によって停止しても、人力で処理をフォローできるような体制作りも欠かせません。

ブラックボックス化 に注意！	・個々の運用情報を部署内で共有しておく ・RPAツールが停止しても、人力で処理できるようにしておく

●ブラックボックス化のイメージ

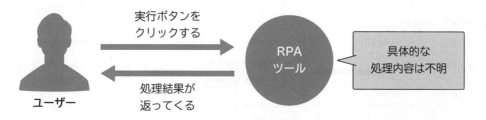

04 | RPAを導入する前に

これまでに、RPAの特徴や種類、注意点などを確認してきました。これらをふまえた、RPAの導入ポイントをまとめておきます。下記を参考にあらかじめ導入計画や運用ルールを決めておき、より効果的に活用しましょう。

❯ 目的と運用ルールを明確に

　RPAを導入する前に、まずRPAによってどのような課題を解決するかを明確にしておきましょう。P.11で確認したように、RPAは定型的な作業は得意ですが、あいまいな作業や高度な判断が必要な作業は苦手です。経理データの集計作業や、定型文書のチェック、メールの同時送信、出退勤情報の管理といった、RPAに適した機械的で明確な作業を精査して、その自動化を目標として定めておきましょう。同時に、人によって判断が分かれるような高度な作業や、処理の方法が都度変わるようなフレキシブルな作業など、RPAが苦手とする作業をRPAに割り当てないよう、具体的に取り決めておくことも大切です。

　また、RPAの運用方法によっては重大なトラブルも発生しかねません。想定されるトラブルが発生しないように注意すべき事項を、まずは明確にルール化しておきましょう。そして、万一それらのトラブルが発生した場合に行うべき対応も、あらかじめ具体的に考えておく必要があります。

　さらに、RPAの導入と運用がスムーズに進むようにするには、組織内でRPAに関する教育を推進することも欠かせません。勉強会などを実施して、あらかじめ操作方法に慣れておけば、実作業で戸惑うことが少なくなります。また、RPAの導入に後ろ向きな社員も、RPAの効果を正しく認識すれば、積極的に活用するようになるでしょう。

RPAの導入前に……	・RPAに適した作業を精査しておく ・トラブルについての注意事項と対応を決めておく ・組織内でのRPA教育を推進しておく

　また、これらの準備が整ったからといって、ただちにRPAを本格導入するのは早計です。本格導入の前に必ず試験的な導入フェーズをはさみ、適合性や効果の検証を行いましょう。

●RPA導入の流れ

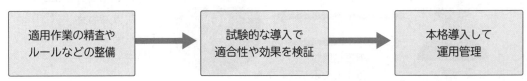

| 適用作業の精査やルールなどの整備 | → | 試験的な導入で適合性や効果を検証 | → | 本格導入して運用管理 |

Power
Automateを知ろう

本書では、RPAツール「Power Automate」
の扱い方を解説していきます。まずはPower
Automateの種類や特徴を確認し、アカウ
ントの作成やアプリケーションのインストー
ルなどの導入作業から進めましょう。

05 | Power Automateの特徴

Power Automateは、マイクロソフトが提供するRPAツールです。信頼性の高さと使いやすすさから人気を博し、今では多くの企業で取り入れられているほか、個人での利用も進んでいます。具体的にその特徴を確認してみましょう。

❯ Power Automateはローコードツール

　Power Automateの魅力は、ほとんどコードを使用しないローコードツールだということです。RPAツールには様々な種類があり、中には本格的なコードを使いこなさなければならないタイプのものもありますが、Power Automateでは、日常言語で書かれた「アクション」と呼ばれるブロックを、ドラッグ操作で組み合わせることで命令を構築できるため、ほとんどプログラミングの知識がいりません。この命令を「フロー」と呼びますが、ここでフローの一例を見てみましょう。このようにほとんどのアクションは、プログラミングの知識がない人でも理解できるように用意されており、直感的な操作が可能です。

左のように、処理内容が日常言語で書かれたアクションを組み合わせるだけで、かんたんにフローが作れます。

❯ 多様なアクションを用意

Power Automateでは、様々なフローが柔軟に構築できるよう、アクションが豊富に用意されています。ファイルやフォルダーを操作するアクションはもちろん、ExcelやWebブラウザー、Outlookなど、各種アプリケーションの詳細な処理がかんたんにできます。

Webブラウザーに関するアクションの一部です。Webページの移動やクリック操作はもちろん、データ抽出やフォームへの入力も可能です。

❯ プログラミングの考え方も少しは必要

ただし、プログラミングの知識が全く必要ないわけではありません。次の画像はアクションの設定画面の一例ですが、こういった詳細な設定ではプログラミング的な要素が登場する場面も少なくありません。本格的なコードまではいらないものの、ある程度プログラミングの考え方に慣れる必要があります。

「%」などの見慣れない表現が確認できますが、実はそれほど難しいものではありません。徐々に慣れていきましょう。

06 Power Automateの種類

続いて、Power Automateの種類を確認していきましょう。大きく、デスクトップ向けPower Automateと、Web向けPower Automateがあるため、両社の違いに注意しながら、その特徴を押さえていってください。

❯ デスクトップ向けとWeb向けがある

Power Automateには複数の種類がありますが、大きく、「デスクトップ向けPower Automate」と「Web向けPower Automate」の2つに分けられます。

デスクトップ向けPower Automateは、専用アプリケーションをパソコンにインストールして、「デスクトップフロー」と呼ばれるパソコン上のファイルやアプリケーションなどの作業を自動化するものです。以前は有償でしたが、2021年3月からWindows 10で無償で利用できるようになり、一気に普及しました。最新のWindows 11には最初からインストールされており、最も導入しやすいRPAツールの1つと言えるでしょう。ただし、クラウドサービスとの連携はできません。本書では、このデスクトップ向けPower Automatの操作方法を解説していきます。

一方のWeb向けPower Automateは、「クラウドフロー」と呼ばれるクラウド上の様々なサービスの作業を自動化するものです。OneDriveやOutlook、Googleドライブ、Dropbox、Twitterなど対応サービスが豊富であるうえ、こうしたクラウドサービスどうしを連携して処理できることが魅力です。ただし、Web向けPower Automateは有償のプランに加入しなければ使用できません。

●Power Automateの種類

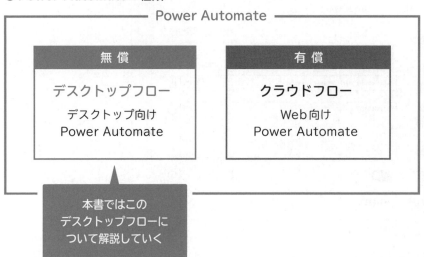

❯ Power Automateのプラン

Power Automateでは、複数の有償プランが用意されています。基本的にはWeb向けPower Automateを利用できるようにするものですが、プランごとに利用できる細部の機能が異なってきます。主なプランはサブスクリプションで提供されており、ユーザーごとに月額料金を支払うか、フローごとに月額料金を支払います。組織的に活用する場合は有償プランも検討しましょう。

なお、「アテンド型」とはOSにログインした状態でフローを実行するもので、「非アテンド型」はログインなしでフローを実行するものです。また、ビジネスプロセスフローとは、業務プロセスに関するフローのことで、デスクトップフローやクラウドフローとはまた別のものです。

● Power Automateの主なプラン

	ユーザーごとのプラン	アテンド型RPAの ユーザーごとのプラン	無償プラン （デスクトップフロー）
ビジュアル化による分析	○	○	×
クラウドフローの実行	○	○	×
ビジネスプロセスフローの実行	○	○	×
アテンド型モードでのデスクトップフローの自動実行	×	○	×
非アテンド型モードでのデスクトップフローの自動実行	×	アドオンの追加購入で利用可	×
データの保存と管理	○	○	テキストファイルでのみ外部保存可
Microsoft Dataverseの利用	250MBのデータベース容量／2GBのファイル容量	250MBのデータベース容量／2GBのファイル容量	×

※2023年3月時点の情報です。プランの内容は変更される場合があります。

✔ COLUMN **Power Automateの動作環境**

Power Automateの最小動作環境は以下のとおりです。過度なスペックは求められておらず、最新の標準的なパソコンであれば、問題なく動作するでしょう。

OS：Windows 11、Windows 10、Windows Server 2016以上
CPU：2コア・1GHz以上（非アテンド型モードの場合は4コア以上）
ストレージ：1GB
メモリー：2GB

07 Microsoftアカウントを準備する

Power Automateを利用するには、Microsoftアカウントが必要です。Microsoftアカウントは誰でもかんたんに作成できるため、下記の手順を参考に用意しましょう。すでにMicrosoftアカウントを持っている場合は、そのアカウントを使用することもできます。

❷ Microsoftアカウントを作成する

　Power Automateを利用する場合、Microsoftアカウント（個人用アカウント）、もしくは組織アカウント（職場または学校アカウント）が必要です。 Power Automateで作成したフローは、アカウントと紐づけられたマイクロソフトのクラウドストレージであるOneDrive（またはMicrosoft Dataverse）に保存されます。すでにMicrosoftアカウントを取得している場合でも、Power Automateで利用するアカウントを別にしたい場合は、新しくアカウントを取得するとよいでしょう。既存のMicrosoftアカウントを利用する場合は、このSECTIONはスキップして構いません。

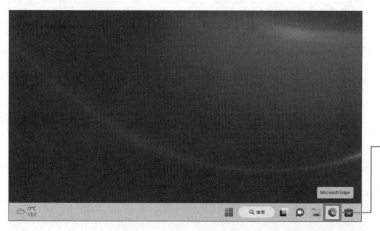

❶ デスクトップのタスクバーで
🄮 をクリックしてMicrosoft
Edgeを起動する

❷ アドレスバーに「https://
account.Microsoft.
com」と入力して「Enter」
キーを押す

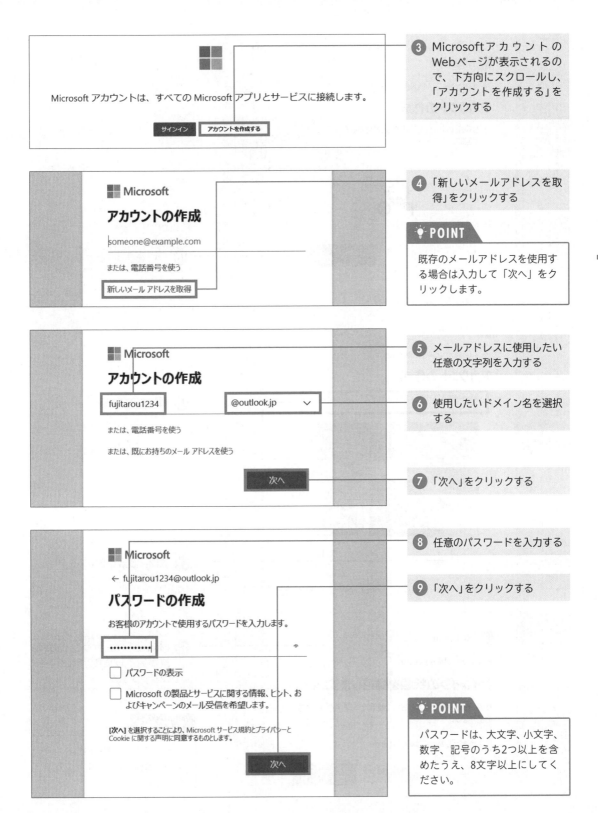

③ Microsoftアカウントの
Webページが表示されるの
で、下方向にスクロールし、
「アカウントを作成する」を
クリックする

Microsoft アカウントは、すべての Microsoft アプリとサービスに接続します。

サインイン　アカウントを作成する

Microsoft

アカウントの作成

someone@example.com

または、電話番号を使う

新しいメール アドレスを取得

④ 「新しいメールアドレスを取
得」をクリックする

POINT

既存のメールアドレスを使用す
る場合は入力して「次へ」をク
リックします。

Microsoft

アカウントの作成

fujitarou1234　　　　　@outlook.jp　∨

または、電話番号を使う

または、既にお持ちのメール アドレスを使う

次へ

⑤ メールアドレスに使用したい
任意の文字列を入力する

⑥ 使用したいドメイン名を選択
する

⑦ 「次へ」をクリックする

Microsoft

← fujitarou1234@outlook.jp

パスワードの作成

お客様のアカウントで使用するパスワードを入力します。

••••••••••••

☐ パスワードの表示

☐ Microsoft の製品とサービスに関する情報、ヒント、お
よびキャンペーンのメール受信を希望します。

[次へ] を選択することにより、Microsoft サービス規約とプライバシーと
Cookie に関する声明に同意するものとします。

次へ

⑧ 任意のパスワードを入力する

⑨ 「次へ」をクリックする

POINT

パスワードは、大文字、小文字、
数字、記号のうち2つ以上を含
めたうえ、8文字以上にしてく
ださい。

CHAPTER
2
Power Automate を知ろう

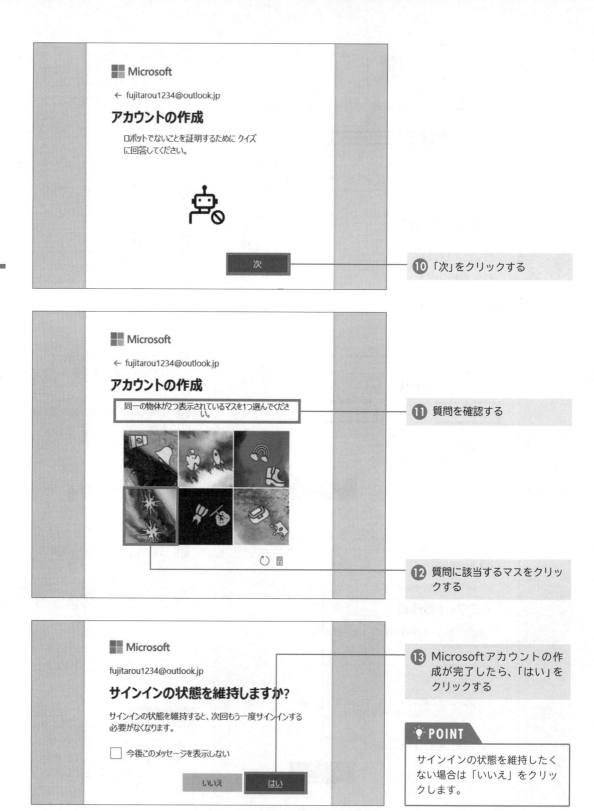

⑩ 「次」をクリックする

⑪ 質問を確認する

⑫ 質問に該当するマスをクリックする

⑬ Microsoftアカウントの作成が完了したら、「はい」をクリックする

POINT

サインインの状態を維持したくない場合は「いいえ」をクリックします。

● Microsoftアカウントを設定する

Microsoftアカウントを作成すると、Microsoftアカウントの管理画面が表示されます。下記の手順で、自分の名前を設定しておきましょう。

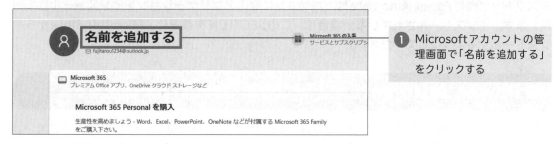

① Microsoftアカウントの管理画面で「名前を追加する」をクリックする

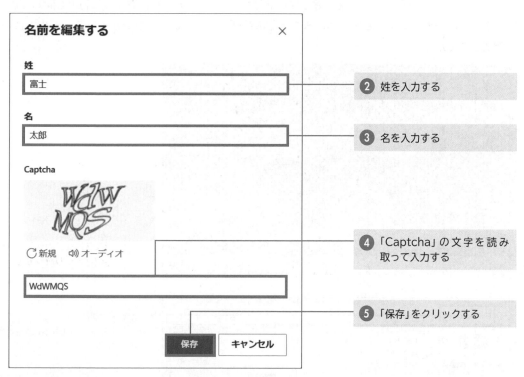

② 姓を入力する

③ 名を入力する

④ 「Captcha」の文字を読み取って入力する

⑤ 「保存」をクリックする

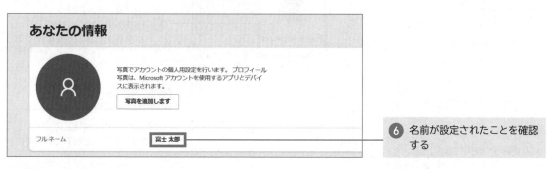

⑥ 名前が設定されたことを確認する

025

SECTION

08 Power Automateを インストールする

デスクトップ向けPower Automateは、パソコンに専用アプリケーションをインストールして利用します。インストールされていない場合は、このSECTIONを参考に、Microsoft Storeからインストールするようにしてください。

● Power Automateがインストールされているか確認する

Power Automateの専用アプリケーションは、Windows 11には最初からインストールされています。そのため、アプリケーションを削除していなければ、インストール作業なしに利用を開始できます。Windows 11を利用している場合は、まず下記の手順でアプリケーションがインストールされているか確認してください。

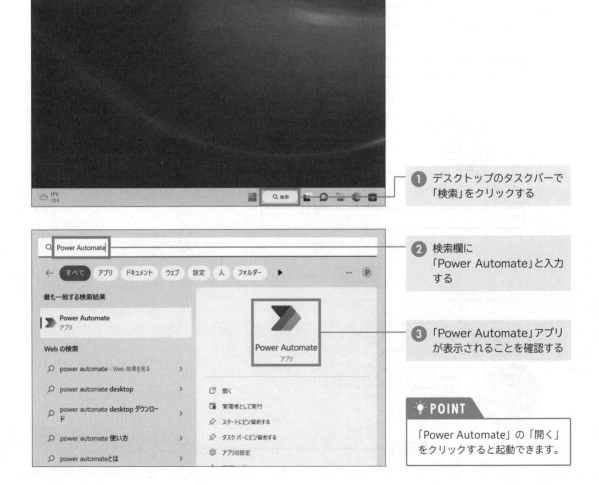

① デスクトップのタスクバーで「検索」をクリックする

② 検索欄に「Power Automate」と入力する

③ 「Power Automate」アプリが表示されることを確認する

POINT

「Power Automate」の「開く」をクリックすると起動できます。

❯ Power Automateをインストールする

Windows 10には、Power Automateの専用アプリケーションはインストールされていません。そのため、下記の手順でMicrosoft Storeからアプリケーションをインストールしてください。Windows 11でもアプリケーションが見当たらない場合は、同様の手順でインストールしましょう。

❶ タスクバーで ◼ をクリックしてMicrosoft Storeを起動する

❷ 検索欄をクリックする

❸ 「Power Automate」と入力して「Enter」キーを押す

❹ 「Power Automate」の「入手」をクリックする

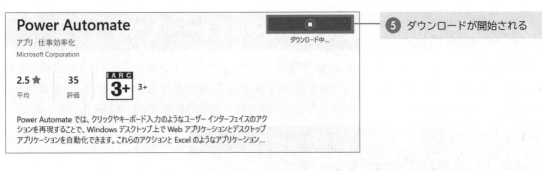

⑤ ダウンロードが開始される

⑥ ダウンロードが完了したら、「開く」をクリックする

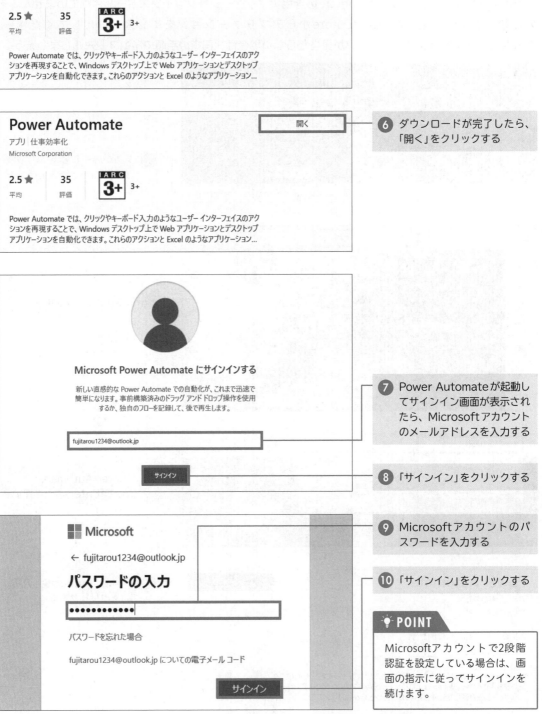

⑦ Power Automateが起動してサインイン画面が表示されたら、Microsoftアカウントのメールアドレスを入力する

⑧ 「サインイン」をクリックする

⑨ Microsoftアカウントのパスワードを入力する

⑩ 「サインイン」をクリックする

POINT

Microsoftアカウントで2段階認証を設定している場合は、画面の指示に従ってサインインを続けます。

⑪ Power Automateの初期設定画面が表示されたら、「次へ」をクリックする

⑫ 「国／地域の選択」で「日本」を選択する

⑬ 「開始する」をクリックする

⑭ Power Automateのコンソール（管理画面）が表示される

● 起動しやすいように設定する

Power AutomateはWindows 11のスタートメニューに表示されません。そのままでは起動しにくいため、タスクバーのインジケーターから起動できるようにコンソール（管理画面）から設定しておきましょう。

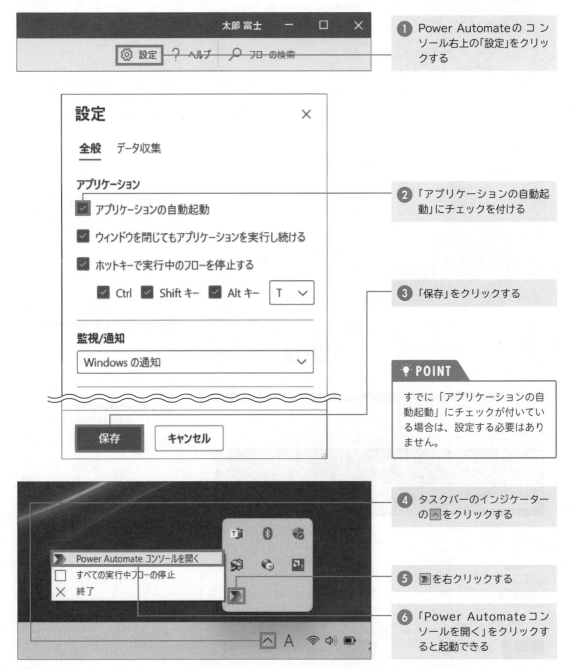

❶ Power Automateのコンソール右上の「設定」をクリックする

❷ 「アプリケーションの自動起動」にチェックを付ける

❸ 「保存」をクリックする

POINT

すでに「アプリケーションの自動起動」にチェックが付いている場合は、設定する必要はありません。

❹ タスクバーのインジケーターの ^ をクリックする

❺ ▶ を右クリックする

❻ 「Power Automateコンソールを開く」をクリックすると起動できる

09 サインアウト／サインインする

Power Automateの利用を開始した時点ではサインインした状態になっており、サインアウトしないとそのままの状態が保たれます。サインアウトして、再度サインインする方法を覚えておきましょう。

❯ Power Automateからサインアウトする

　Power Automateは一度サインインすると、アプリケーションを終了しても、その状態が保たれます。ただし、セキュリティを高めるため、下記の手順でこまめにサインアウトするようにしましょう。

❶ Power Automateのコンソール右上のアカウント名をクリックする

❷ 「サインアウト」をクリックする

❸ サインアウトが完了し、サインイン画面が表示される

❯ Power Automateに再度サインインする

Power Automateからサインアウトした場合は、次回起動時に、以下の手順でサインインしましょう。

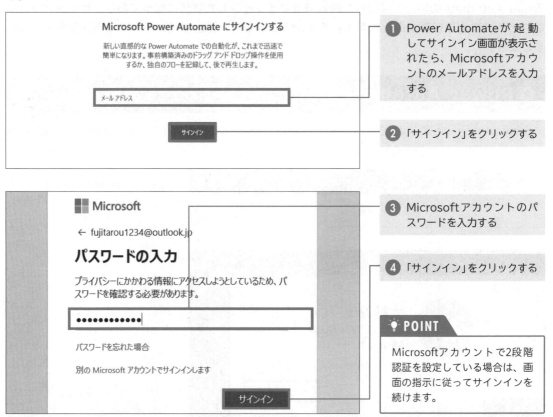

① Power Automateが起動してサインイン画面が表示されたら、Microsoftアカウントのメールアドレスを入力する

② 「サインイン」をクリックする

③ Microsoftアカウントのパスワードを入力する

④ 「サインイン」をクリックする

🔆 POINT

Microsoftアカウントで2段階認証を設定している場合は、画面の指示に従ってサインインを続けます。

⑤ サインインが完了し、コンソールが表示される

基本操作を
覚えよう

Power Automateの概要がわかったら、実際に触ってみましょう。まずは画面構成やアクションの知識を覚えていきます。その後、かんたんなフローを作成しながら、基本操作や、ちょっとしたプログラミングの知識を確認していきましょう。

» 10 Power Automateの画面構成

Power Automateは、主に「コンソール」と「フローデザイナー」という2つの画面で作業を行います。それぞれの画面で行う操作の違いに注意しながら、具体的な画面構成を確認していきましょう。

❯ コンソールとは

「コンソール」とは、Power Automateを起動してサインインするとまず表示される画面のことです。このコンソールには、主要機能にアクセスできる「ホーム」、Power Automateの命令であるフローが管理できる「自分のフロー」、フローのサンプルが確認できる「例」という3つのページがありますが、実際の作業で使うのは主に「自分のフロー」です。そのため、まずは「自分のフロー」を表示する方法から確認しましょう。

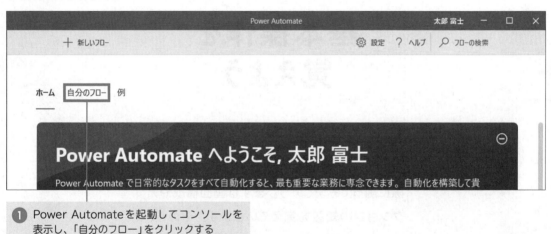

❶ Power Automateを起動してコンソールを表示し、「自分のフロー」をクリックする

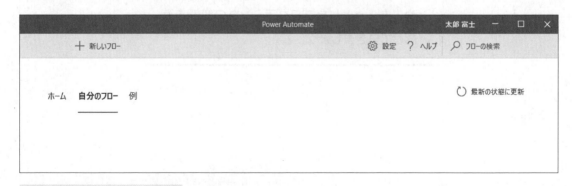

❷ 「自分のフロー」が表示される

◉「自分のフロー」の画面構成

コンソールの「自分のフロー」には、最初は何も表示されていません。実際にフローを作成すると、この「自分のフロー」にフローが一覧表示され、それぞれのフローを操作できるようになります。ここでは、すでにいくつかのフローが作成済みの画面を例に、画面構成を確認してみましょう。

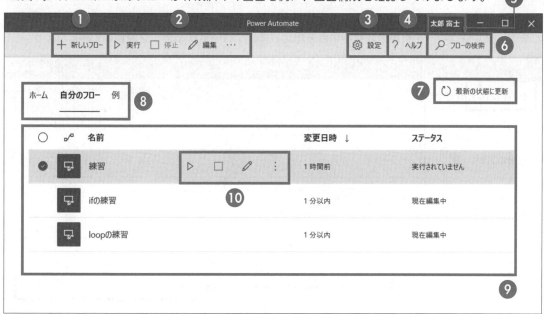

❶ 新しいフロー	フローを新規作成できます。
❷ フローのメニュー	選択中のフローの、実行や停止、編集などを行えます。
❸ 設定	Power Automateに関する設定が行えます。
❹ ヘルプ	ヘルプドキュメントや学習のヒントを参照したり、バージョンを確認したりできます。
❺ アカウント	サインイン中のMicrosoftアカウント名が表示されます。
❻ フローの検索	フローをキーワードで検索できます。
❼ 最新の状態に更新	フローを最新の状態に更新できます。
❽ コンソールタブ	コンソール内のページを切り替えられます。
❾ フローの一覧	作成されたフローが一覧表示されます。
❿ 個別フローのメニュー	個別のフローの、実行や停止、編集などを行えます。

● フローデザイナーとは

「フローデザイナー」とは、実際のフローの作成や編集を行う画面のことです。コンソールではフローの全体的な管理が行えますが、個別のフローの詳細な構築まではできません。個別のフローの作成や編集を行う場合にフローデザイナーを使います。フローデザイナーは初期状態では開かれておらず、フローを新規作成するか、既存のフローを編集する場合に、コンソールとは別のウィンドウで表示されます。まずはフローを新規作成する場合を想定して、フローデザイナーを表示してみましょう。

① コンソールで「新しいフロー」をクリックする

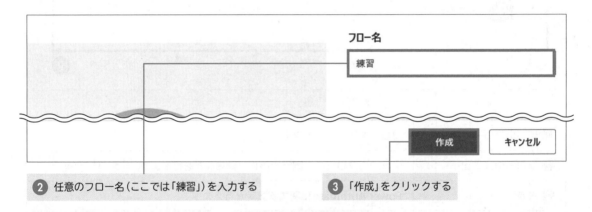

② 任意のフロー名（ここでは「練習」）を入力する

③ 「作成」をクリックする

④ フローデザイナーが表示され、フローが作成できるようになる

⊙ フローデザイナーの画面構成

フローデザイナーでかんたんなフローを作成した状態を例に、画面構成を確認しておきましょう。

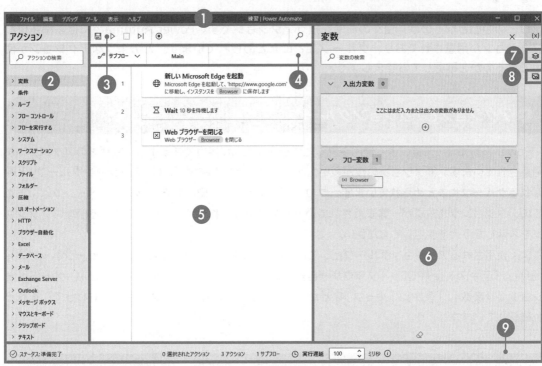

❶ メニューバー		フローの作成に必要な主要機能にアクセスできます。
❷ アクションペイン		使用できるアクションがまとめられています。
❸ ツールバー		フローの実行や停止、保存などが行えます。
❹ サブフロータブ		フロー内の一連のアクションを、「Main」と「サブフロー」に分けて整理できます。通常はMainのみ使用し、フローが長くなったらサブフローでまとめます（P.232参照）。
❺ ワークスペース		アクションを組み立てるスペースです。
❻ 変数ペイン		フローで使用する変数（P.54参照）を管理できます。
❼ UI要素ペイン		フローで使用するUI要素（P.202参照）を管理できます。
❽ 画像ペイン		フローで使用する画像を管理できます。
❾ 状態バー		フローのステータスやエラー情報が表示されます。

11 アクションの基本

フローの中心となるのは、個々の命令を担うアクションです。Power Automateには多種多様な
アクションが用意されており、グループごとにまとめられています。どのようなアクションが使
用できるのかを確認しておきましょう。

❯ アクションとアクショングループ

　Power Automateでは、よく使用される処理をかんたんに実行できるよう、数百ものアクションが
用意されています。アクションの数が多いため、アクションの種類ごとに「アクショングループ」と呼
ばれるグループにまとめられています。フローデザイナーの左側にあるアクションペインでは、まず
このアクショングループが一覧表示されているため、それぞれクリックして中にある個々のアクショ
ンを表示したうえで使用してください。

　よく使用されるアクショングループとしては、「フォルダー」、「ファイル」、「メッセージボックス」、
「日時」、「テキスト」、「PDF」、「ブラウザー自動化」、「Excel」、「マウスとキーボード」、「UIオートメー
ション」、「変数」、「条件」、「ループ」などが挙げられます。具体的なアクションとあわせて、それぞ
れ確認していきましょう。

❯ 「フォルダー」アクショングループ

∨ フォルダー
- ⤵ フォルダーが存在する場合
- 🗂 フォルダー内のサブフォルダーを取得
- 🗐 フォルダー内のファイルを取得
- ＋ フォルダーの作成
- 🗑 フォルダーの削除
- 📂 フォルダーを空にする
- 🗐 フォルダーをコピー
- ✛ フォルダーを移動
- 🖭 フォルダーの名前を変更
- ☆ 特別なフォルダーを取得

　パソコン内のフォルダーに関する操作が
できるアクションをまとめたグループで
す。フォルダーの作成やフォルダーの削除
はもちろん、フォルダーの名前の変更や、
フォルダー内のファイルの取得などもでき
ます。

❯ 「ファイル」アクショングループ

∨ ファイル	
⤵ ファイルが存在する場合	
⧖ ファイルを待機します	
🗐 ファイルのコピー	
⬌ ファイルの移動	
🗑 ファイルの削除	
⊐🖉 ファイルの名前を変更する	
🗟 ファイルからテキストを読み取る	

🗜 ファイルをバイナリデータに変換	
🗜 バイナリデータをファイルに変換	

パソコン内のファイルに関する操作ができるアクションをまとめたグループです。ファイルのコピーやファイルの移動、ファイルの削除、ファイルの名前の変更などといった基本的な操作だけでなく、ファイルからテキストを読み取ったり、テキストをファイルに書き込んだりすることもできます。

❯ 「メッセージボックス」アクショングループ

∨ メッセージ ボックス	
🗩 メッセージを表示	
🗩 入力ダイアログを表示	
🗩 日付の選択ダイアログを表示	
🗩 リストから選択ダイアログを表示	
🗩 ファイルの選択ダイアログを表示	
🗩 フォルダーの選択ダイアログを表示	
🗩 カスタムフォームを表示	

メッセージボックスを操作できるアクションをまとめたグループです。単純なメッセージを表示できるほか、入力ダイアログや、ファイルなどの選択ダイアログを表示することもできます。

❯ 「日時」アクショングループ

∨ 日時	
🗓 加算する日時	
🗓 日付の減算	
🗓 現在の日時を取得	

日時に関する操作が行えるアクションをまとめたグループです。現在の日時の取得や、日時の加減が行えます。

❯ 「テキスト」アクショングループ

∨ **テキスト**	
Abc def	テキストに行を追加
Abc def	サブテキストの取得
Abc def	テキストのトリミング
Abc def	テキストをパディング
Abc def	テキストのトリミング
Abc def	テキストを反転
Abc def	テキストの文字の大きさを変更
⬇	テキストを数値に変換
⬇	数値をテキストに変換
⬇	テキストを datetime に変換
⬇	datetime をテキストに変換
Abc def	ランダム テキストの作成
Abc def	テキストの結合
Abc def	テキストの分割
Abc def	テキストの解析
Abc def	テキストを置換する
Abc def	正規表現のエスケープ テキスト
🔳	エンティティをテキストで認識する

テキストを操作するアクションをまとめたグループです。テキストの分割や結合、テキストのトリミングやパディングなどができます。

Power Automate でテキストデータを取得する場合、ファイル全体のテキストを取得したり、ファイルの一部のテキストを指定して取得したりします。このとき、不要な部分まで取得されたり、必要な部分の一部しか取得できなかったりすることも少なくありません。そのため、用途に応じてテキストを分割したり結合したりできるよう、こうしたアクションが用意されています。

❯ 「PDF」アクショングループ

∨ **PDF**	
PDF	PDF からテキストを抽出
PDF	PDF からテーブルを抽出する
PDF	PDF から画像を抽出
PDF	新しい PDF ファイルへの PDF ファイル ページの...
PDF	PDF ファイルを統合

PDF を操作するアクションをまとめたグループです。PDF からテキストやテーブル、画像を抽出できるほか、複数のPDF ファイルを結合することなどもできます。

▶「ブラウザー自動化」アクショングループ

ブラウザー自動化
> **Web データ抽出**
> **Web フォーム入力**
⤒ Web ページに次が含まれる場合
⊠ Web ページのコンテンツを待機
🌐 新しい Internet Explorer を起動
🌐 新しい Firefox を起動する
🌐 新しい Chrome を起動する
🌐 新しい Microsoft Edge を起動
▯ 新しいタブを作成
▭ Web ページに移動
🔗 Web ページのリンクをクリック
↓ Web ページのダウンロード リンクをクリック
JS Web ページで JavaScript 関数を実行
▷ Web ページの要素にマウスをポイント
⊠ Web ブラウザーを閉じる

　Webブラウザーを操作するアクションをまとめたグループです。Microsoft EdgeなどのWebブラウザーの起動やWebページへの移動はもちろん、Webページのリンクのクリックや、タブの作成、Webページの要素にマウスポインターを移動させることなどができます。

　また、左の画像上部に「Webデータ抽出」と「Webフォーム入力」のカテゴリーがありますが、これらをクリックすると、関連したアクションが使用できます。

▶「Excel」アクショングループ

Excel
> **詳細**
↗ Excel の起動
🔢 実行中の Excel に添付
🔢 Excel ワークシートから読み取る
🔢 Excel ワークシート内のアクティブなセルを取得
🔢 Excel の保存
🔢 Excel ワークシートに書き込む
↙ Excel を閉じる
🔢 アクティブな Excel ワークシートの設定
🔢 新しいワークシートの追加

　Excelの操作に関するアクションをまとめたグループです。Excelの起動や保存、ワークシートへの書き込みから、ワークシート内のアクティブなセルの取得や、ワークシートの列名の取得などまで行えます。

　また、「詳細」をクリックすると、ワークシートに関するさらに細かな操作ができるアクションが使用できます。

❯ 「マウスとキーボード」アクショングループ

> ∨ マウスとキーボード
>   - ⌨ 入力のブロック
>   - ◉ マウスの位置を取得します
>   - 🖱 マウスの移動
>   - 🖱 マウスを画像に移動
>   - 🖱 画面上のテキストにマウスを移動する (OCR)
>   - 🖱 マウス クリックの送信
>   - ⌨ キーの送信
>   - ⌨ キーを押す/離す
>   - ⌨ キーの状態を設定
>   - ⌛ マウスを待機する
>   - ⌨ キーボード識別子を取得する
>   - ⌛ ショートカット キーを待機

　マウスやキーボードを操作するアクションをまとめたグループです。マウスポインターの移動やクリックができるため、基本的なアクションで対応していない操作を柔軟に行いたい場合に重宝するでしょう。また、指定したキーを押したり離したりすることができるので、ショートカットキーを活用した操作にも便利です。

❯ 「UI オートメーション」アクショングループ

> ∨ UI オートメーション
>   - 〉 **ウィンドウ**
>   - 〉 **データ抽出**
>   - 〉 **フォーム入力**
>   - ⌛ ウィンドウ コンテンツを待機
>   - ⤓ ウィンドウが次を含む場合
>   - 🖥 デスクトップを使用する
>   - ⤓ 画像が存在する場合
>   - 🗗 ウィンドウでタブを選択
>   - ⌛ 画像を待機
>   - ↳ ウィンドウの UI 要素の上にマウス ポインターを...
>   - ⤓ ウィンドウが次の条件を満たす場合
>   - ⌛ ウィンドウを待機する

　アプリケーションを操作するアクションをまとめたグループです。ExcelやWebブラウザーなどは直接操作できるアクションが用意されていますが、そうでないアプリケーションにも十柔軟に対応できるよう、このアクショングループが用意されました。ウィンドウの操作はもちろん、データの抽出やフォームへの入力まで、幅広く行えます。

● 「変数」アクショングループ

変数
> データ テーブル
① 数値の切り捨て
A1A2 乱数の生成
リストのクリア
リストから項目を削除
一覧の並べ替え
リストのシャッフル
変数を小さくする
{x} 変数の設定

　数字や文字列などの値を扱う際に必要になる、変数を操作するアクションをまとめたグループです。変数を生成したり、変数の値を増減させたりすることができます。また、リストと呼ばれる種類のデータを操作するアクションも用意されています。

　なお、変数についてはP.54で、リストについてはP.74で詳しく解説しているため、そちらを参照してください。

● 「条件」アクショングループ

条件
Case
Default case
Else
Else if
If
Switch

　特定の条件によって処理を分岐させるアクションをまとめたグループです。代表的なものは「If」アクションです。こうした条件分岐については、P.64を参照してください。

● 「ループ」アクショングループ

ループ
For each
Loop
ループを抜ける
ループ条件
次のループ

　繰り返し処理を行うアクションをまとめたグループです。代表的なものは「Loop」アクションです。こうした繰り返し処理については、P.70を参照してください。

12 かんたんなフローを作成する

Power Automateの画面構成やアクションの基礎がわかったところで、実際にかんたんなフローを作成してみましょう。まだこの段階では、フローの内容を厳密に理解しなくても構いません。基本的な流れがつかめれば大丈夫です。

❯ 作成するフローの内容

まずは練習として、Microsoft Edgeを動かすかんたんなフローを作成しましょう。Microsoft Edgeを起動してWebページを表示し、10秒待機してから、Microsoft Edgeを閉じる流れにします。

❯ フローを新規作成する

まずは、P.36と同様にコンソールからフローを新規作成し、フローデザイナーを開きましょう。

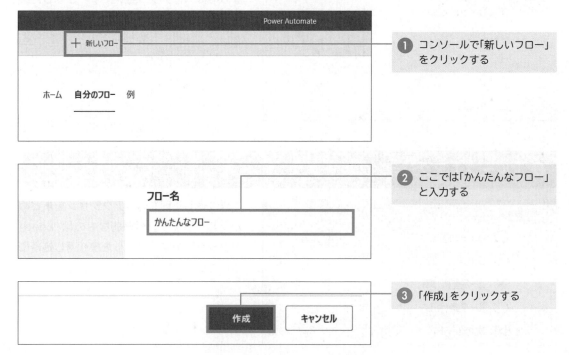

❶ コンソールで「新しいフロー」をクリックする

❷ ここでは「かんたんなフロー」と入力する

❸ 「作成」をクリックする

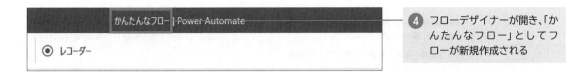

④ フローデザイナーが開き、「かんたんなフロー」としてフローが新規作成される

❯ Microsoft Edgeの拡張機能をインストールする

今回はMicrosoft Edgeを操作するフローを作りますが、そのためにはMicrosoft EdgeにPower Automateの拡張機能をインストールしなければなりません。下記の手順で、まずは拡張機能をインストールしましょう。なお、拡張機能のインストール操作は、次回以降は不要です。

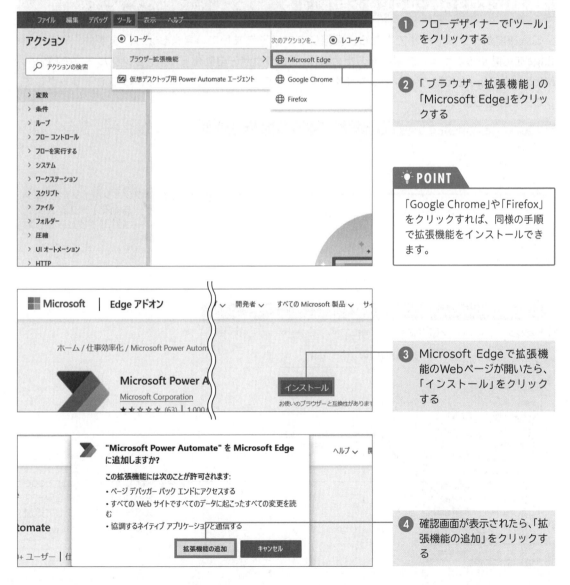

① フローデザイナーで「ツール」をクリックする

② 「ブラウザー拡張機能」の「Microsoft Edge」をクリックする

💡 POINT

「Google Chrome」や「Firefox」をクリックすれば、同様の手順で拡張機能をインストールできます。

③ Microsoft Edgeで拡張機能のWebページが開いたら、「インストール」をクリックする

④ 確認画面が表示されたら、「拡張機能の追加」をクリックする

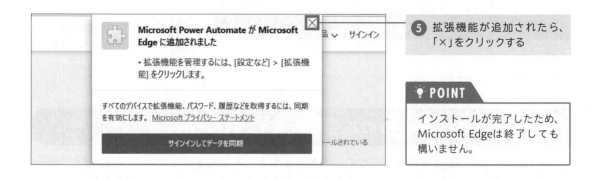

⑤ 拡張機能が追加されたら、「×」をクリックする

💡 POINT

インストールが完了したため、Microsoft Edgeは終了しても構いません。

❯ Microsoft Edgeを起動する

　拡張機能がインストールできたら、実際にフローを作成していきましょう。まずは、Microsoft Edgeを起動するようにします。そのためには、「ブラウザー自動化」アクショングループの「新しいMicrosoft Edgeを起動」アクションを使用します。このアクションをワークスペースにドラッグして、フローに追加しましょう。

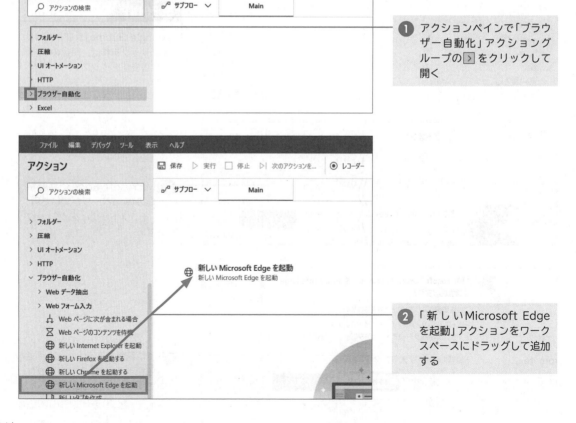

❶ アクションペインで「ブラウザー自動化」アクショングループの ▷ をクリックして開く

❷ 「新しいMicrosoft Edgeを起動」アクションをワークスペースにドラッグして追加する

アクションをワークスペースに追加すると、次のような設定画面が表示されます。この設定画面は
アクションごとに異なり、アクションに関連するパラメーターを指定できます。今回追加した「新し
いMicrosoft Edgeを起動」アクションでは、最初に開くWebページを指定する「初期URL」と、ウィ
ンドウのサイズを指定する「ウィンドウの状態」を設定してみましょう。「初期URL」は「https://
www.google.com」にし、「ウィンドウの状態」は「最大化」にしてみます。なお、「起動モード」は、
新しくウィンドウを開く場合は、初期状態の「新しいインスタンスを起動する」のままにします。

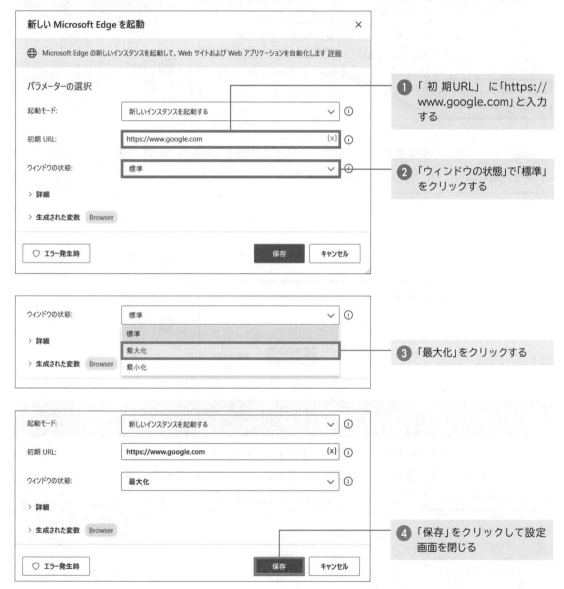

　なお、設定画面左下の「生成された変数」に青字で「Browser」と表示されていますが、これがこのア
クションで生成される変数です。今の段階では、「Browser」という変数が生成されたということだけ
覚えておきましょう。

❯ 10秒待機する

次に、その状態で10秒間、フローの実行を中断して待機するようにしましょう。フローの実行を中断して待機するには、「フローコントロール」アクショングループの「Wait」アクションを使用します。

1 アクションペインで「フローコントロール」アクショングループを開く

2 「Wait」アクションをフロー最下部にドラッグして追加する

「Wait」アクションの設定画面が開きます。ここでは待機する秒数を「期間」で指定できます。今回は10秒待機したいため、「期間」を「10」にします。

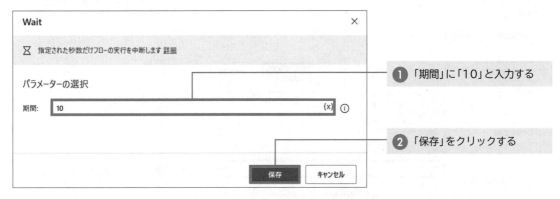

1 「期間」に「10」と入力する

2 「保存」をクリックする

❯ Microsoft Edgeを終了する

最後に、Microsoft Edgeを閉じるようにしましょう。Webブラウザーを閉じるには、「ブラウザー自動化」アクショングループの「Webブラウザーを閉じる」アクションを使用します。

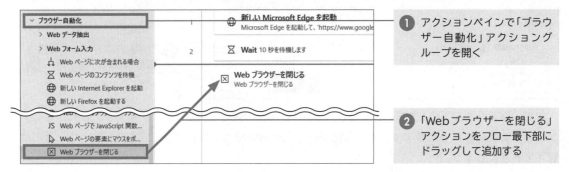

1 アクションペインで「ブラウザー自動化」アクショングループを開く

2 「Webブラウザーを閉じる」アクションをフロー最下部にドラッグして追加する

「Webブラウザーを閉じる」アクションの設定画面が開きます。ここでは、「Webブラウザーインスタンス」で、閉じるWebブラウザーを指定します。初期状態で「%Browser%」と入力されていることを確認してください。これはP.47の「新しいMicrosoft Edgeを起動」アクションで生成された変数「Browser」を示しており、「新しいMicrosoft Edgeを起動」アクションで開いたWebブラウザーを閉じる対象にしていることを意味しています。

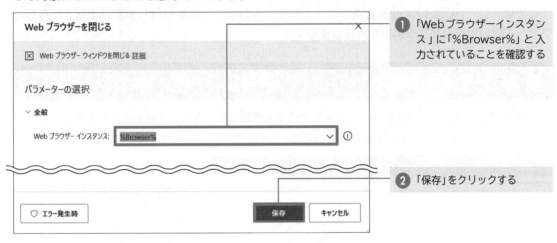

① 「Webブラウザーインスタンス」に「%Browser%」と入力されていることを確認する

② 「保存」をクリックする

❯ フローを実行して確認する

これでフローは完成です。次のようにフローが組み立てられていることを確認したら、ツールバーで▷をクリックしてフローを実行し、うまく動作するか確認してみましょう。

① ツールバーの▷をクリックする

> **💡 POINT**
>
> ウィンドウサイズによっては、ツールバーにはアイコンのみ表示されます。

② Microsoft Edgeが最大化して起動し、10秒後に閉じることを確認する

> **💡 POINT**
>
> フローの保存については、P.50を参照してください。

13 フローを保存する／再編集する

作成したフローは自動的には保存されないため、フローが完成したら忘れずに保存しましょう。ここでは、SECTION 12で作成したフローを例に、保存する手順を解説します。また、保存したフローを開いて再編集する流れも確認しましょう。

❯❯ フローを保存する

今回は、SECTION 12で作成したフローをそのまま使用して、保存の手順を紹介します。フローデザイナーでツールバーの回をクリックすることで、フローを保存することができます。

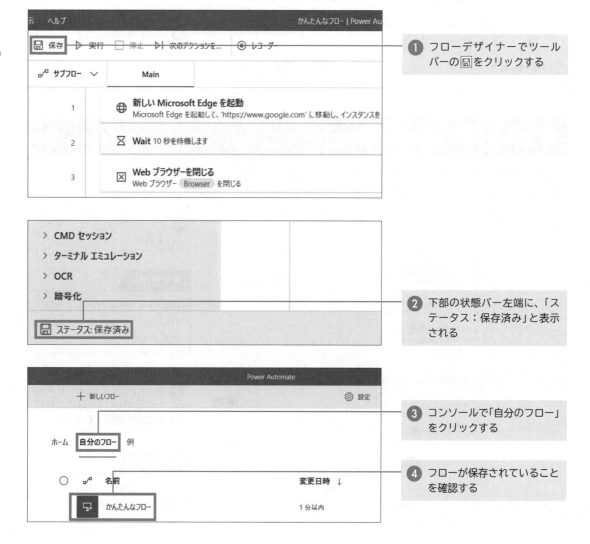

① フローデザイナーでツールバーの回をクリックする

② 下部の状態バー左端に、「ステータス：保存済み」と表示される

③ コンソールで「自分のフロー」をクリックする

④ フローが保存されていることを確認する

❯ フローを読み込んで再編集する

今度は保存したフローを開いて、再編集してみましょう。コンソールの「自分のフロー」に一覧表示されるフローの ✎ をクリックして開きます。

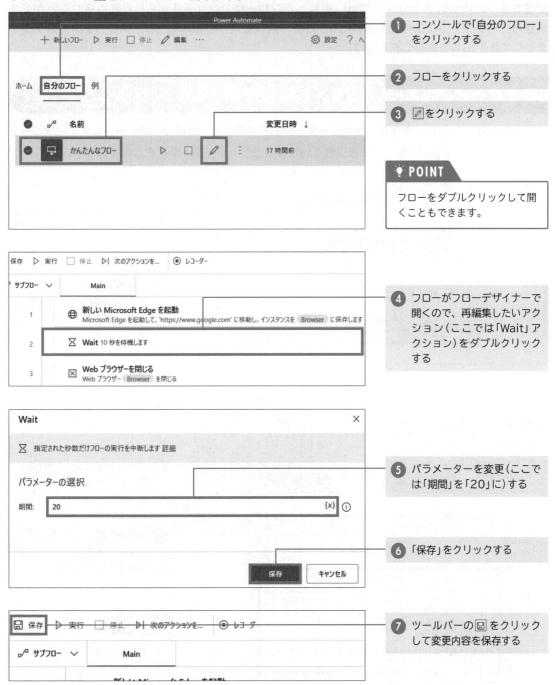

① コンソールで「自分のフロー」をクリックする

② フローをクリックする

③ ✎ をクリックする

💡 POINT

フローをダブルクリックして開くこともできます。

④ フローがフローデザイナーで開くので、再編集したいアクション(ここでは「Wait」アクション)をダブルクリックする

⑤ パラメーターを変更(ここでは「期間」を「20」に)する

⑥ 「保存」をクリックする

⑦ ツールバーの 🖫 をクリックして変更内容を保存する

14 フローをテキストデータ として保存する

無償プランの Power Automate では、保存したフローはコンソールからしか読み込むことができません。パソコン内に保存しておいたり、外部に共有したりしたい場合は、フローをテキストデータとして抜き出して保存しましょう。

❯ フローのテキストデータをメモ帳に保存する

ここでも SECTION 12 で作成したフローをそのまま使用して、保存の手順を紹介します。フローデザイナーでフローをコピーし、メモ帳に貼り付けることで、テキストデータとして保存できます。

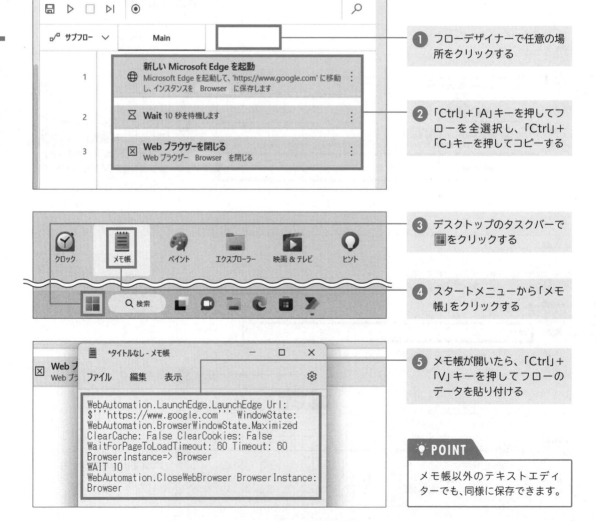

① フローデザイナーで任意の場所をクリックする

② 「Ctrl」+「A」キーを押してフローを全選択し、「Ctrl」+「C」キーを押してコピーする

③ デスクトップのタスクバーで ■ をクリックする

④ スタートメニューから「メモ帳」をクリックする

⑤ メモ帳が開いたら、「Ctrl」+「V」キーを押してフローのデータを貼り付ける

POINT

メモ帳以外のテキストエディターでも、同様に保存できます。

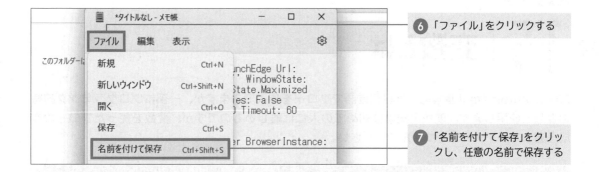

6 「ファイル」をクリックする

7 「名前を付けて保存」をクリックし、任意の名前で保存する

❯ 保存したテキストデータからフローを復元する

今度は、メモ帳で保存したテキストデータから、フローを復元してみましょう。フローのテキストデータをコピーし、フローデザイナー上に貼り付けることで、フローが復元できます。

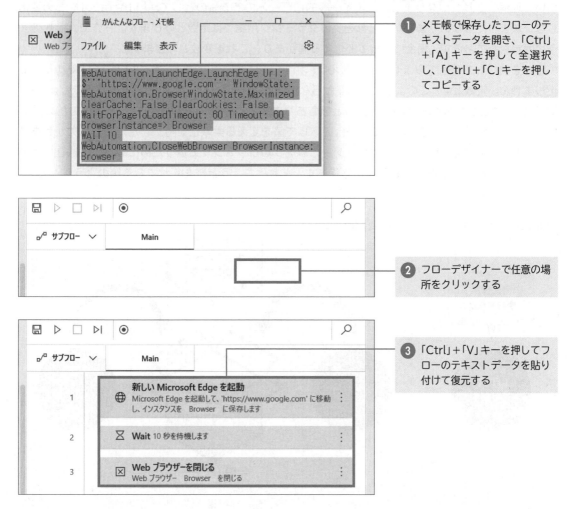

1 メモ帳で保存したフローのテキストデータを開き、「Ctrl」＋「A」キーを押して全選択し、「Ctrl」＋「C」キーを押してコピーする

2 フローデザイナーで任意の場所をクリックする

3 「Ctrl」＋「V」キーを押してフローのテキストデータを貼り付けて復元する

15 変数とは

Power Automateは基本的には日常言語でフローを作成できますが、一部にプログラミング独特の変数を使用します。変数の概念は初めての人には難しいものですが、変数を使ったフローの作成を通して、イメージをつかんでください。

❯ 定数と変数

　Power Automateもプログラミングツールの一種であり、ところどころにプログラミングの概念が出てきます。その代表格が変数です。

　変数について理解するためには、プログラミングで命令の処理に使われる、数字や文字などの値について理解しなければなりません。まず一般的に馴染みのあるものとして、「1」や「abc」などの変化しない決まった値がありますが、これをプログラミング用語では定数と呼びます。一方で、定数のように固定されておらず、場合によって変化する値があり、これを変数と呼びます。

　日付を例にして考えてみましょう。例えば、「1月1日」という日付は、常に「1月1日」であり、変化しません。定数とは、このように常に変わらない値です。しかし、「今日」の日付はどうでしょうか。「1月1日」のときもあれば、「8月9日」のときもあります。このように変数は変化しうる値のため、「今日」という言葉を使うときのように、場合に応じて値を変える柔軟性を持たせたいときに欠かせません。ただし、変数の値は一定ではないため、これをプログラミングで扱うためには、「今日」という名前のように、仮の名前を付ける必要があります。それはちょうど値を入れておく箱のようなもので、変数名と呼ばれます。この変数名に、必要に応じて異なる値を入れて扱うのです。

●定数のイメージ　　　　●変数のイメージ

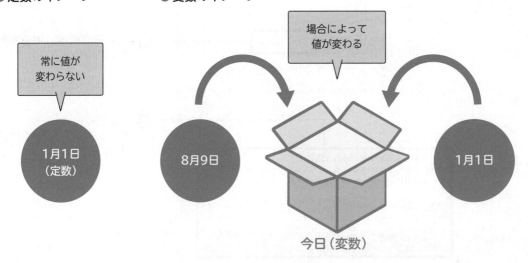

こうした変数名は、Power Automateのパラメーター上では「%」で囲んで表現されます。例えば「Browser」という変数名であれば、パラメーターでは「%Browser%」と表現されるため、混乱しないように注意しましょう。アクションの設定画面で変数を扱う場合は、ちょうどP.49の「Webブラウザーを閉じる」アクションでそうしたように、この「%」で囲まれた変数名によって設定します。

❷ 現在の日時を取得する

変数のイメージをより深めるために、実際に変数を使ったかんたんなフローを作ってみましょう。今回は、「日時」アクショングループの「現在の日時を取得」アクションを使います。この「現在の日時を取得」アクションは、現在の日時を値として取得し、変数に格納するものです。まずはその仕組みを確認していきましょう。

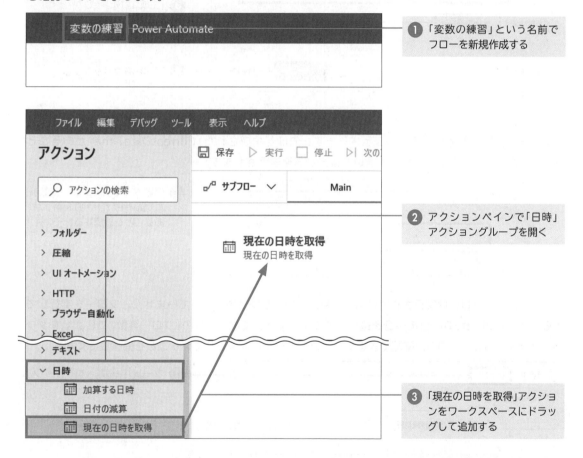

❶ 「変数の練習」という名前でフローを新規作成する

❷ アクションペインで「日時」アクショングループを開く

❸ 「現在の日時を取得」アクションをワークスペースにドラッグして追加する

「現在の日時を取得」アクションの設定画面が開きます。「取得」では、「現在の日時」か「現在の日付のみ」を選択できますが、今回は初期状態の「現在の日時」のままにしましょう。「タイムゾーン」では、OSのタイムゾーンである「システムタイムゾーン」か「特定のタイムゾーン」を選択できますが、今回は初期状態の「システムタイムゾーン」のままにします。

この設定画面で最後に確認したいのは、画面下部にある「生成された変数」の「CurrentDateTime」です。これが、このアクションによって生成された変数名であり、ここに、このアクションで取得する現在の日時が入ります。

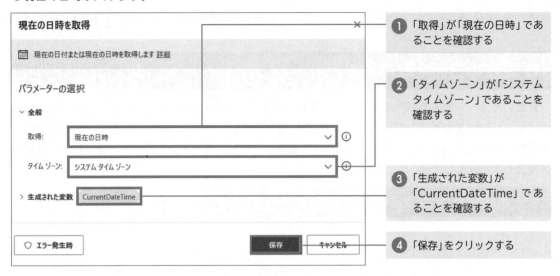

① 「取得」が「現在の日時」であることを確認する

② 「タイムゾーン」が「システムタイムゾーン」であることを確認する

③ 「生成された変数」が「CurrentDateTime」であることを確認する

④ 「保存」をクリックする

　ここで、フローデザイナー右側にある変数ペインの「フロー変数」を確認してみてください。ここにはフローで使用されている変数が表示されます。先ほど生成された「CurrentDateTime」があることを確認しましょう。なお、変数名が長いと後半が省略表示されます。

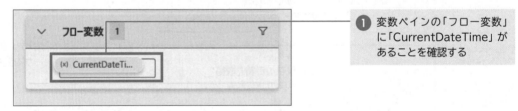

① 変数ペインの「フロー変数」に「CurrentDateTime」があることを確認する

　ただし、まだフローは実行されていないため、この変数には値が入っていません。フローを実行してから、「CurrentDateTime」の中身を確認してみましょう。変数ペインの「フロー変数」で変数名をダブルクリックすると、中の値が確認できるため、現在の日時が取得されていることを確認してください。

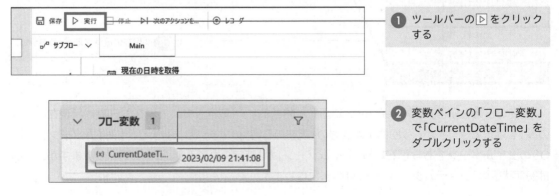

① ツールバーの ▷ をクリックする

② 変数ペインの「フロー変数」で「CurrentDateTime」をダブルクリックする

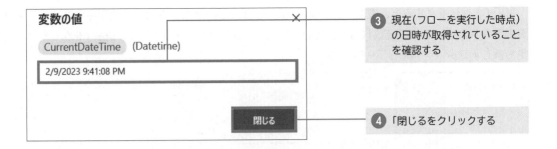

③ 現在(フローを実行した時点)の日時が取得されていることを確認する

④ 「閉じる」をクリックする

● 取得した日時を表示する

　現在の日時が取得できることを確認したら、この日時をメッセージボックスで表示できるようにしましょう。メッセージボックスで値を表示するには、「メッセージボックス」アクショングループの「メッセージを表示」アクションを使用します。

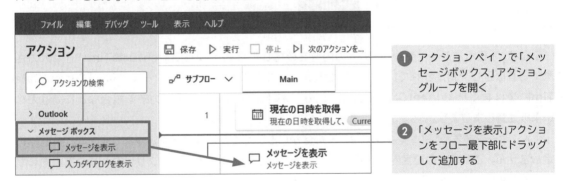

① アクションペインで「メッセージボックス」アクショングループを開く

② 「メッセージを表示」アクションをフロー最下部にドラッグして追加する

　「メッセージを表示」アクションの設定画面が開きます。「メッセージボックスのタイトル」でボックス上部のタイトルを指定できるので、今回は「現在の日時」にしましょう。そして「表示するメッセージ」でメッセージ内容を指定しますが、今回は変数「CurrentDateTime」の値を表示したいため、ここで変数「CurrentDateTime」を指定します。手入力もできますが、変数を一覧から選択して指定する場合は、入力欄右上の「{x}」をクリックします。

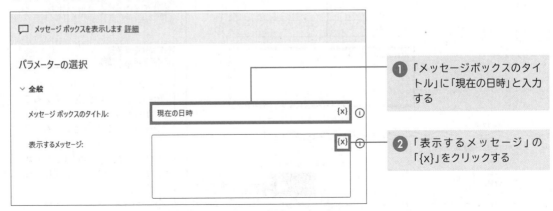

① 「メッセージボックスのタイトル」に「現在の日時」と入力する

② 「表示するメッセージ」の「{x}」をクリックする

「{x}」をクリックすると、変数ペインの「フロー変数」と同様に、フローで使用されている変数が一覧表示されます。ここで変数「CurrentDateTime」をクリックして選択し、「選択」をクリックして指定しましょう。

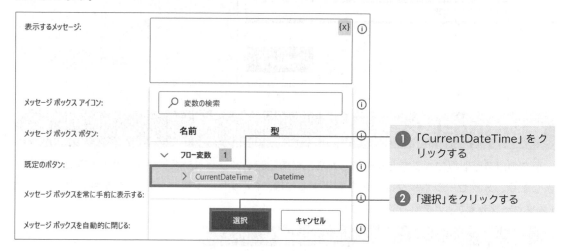

❶ 「CurrentDateTime」をクリックする

❷ 「選択」をクリックする

ここで、「表示するメッセージ」の入力内容を確認しましょう。「%CurrentDateTime%」と入力されていれば正しく指定されていることになります。このようにパラメーター上では、「CurrentDateTime」ではなく「%CurrentDateTime%」と表記して使用するため、手入力する場合などに間違えないよう注意しましょう。

「メッセージを表示」アクションには、そのほかにもいくつかパラメーターがありますが、今回は指定しません。これまでの設定内容が正しいことが確認できたら、「保存」をクリックして設定画面を閉じてください。

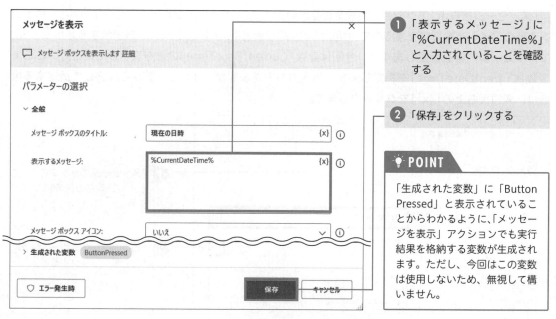

❶ 「表示するメッセージ」に「%CurrentDateTime%」と入力されていることを確認する

❷ 「保存」をクリックする

💡 POINT

「生成された変数」に「Button Pressed」と表示されていることからわかるように、「メッセージを表示」アクションでも実行結果を格納する変数が生成されます。ただし、今回はこの変数は使用しないため、無視して構いません。

● フローを実行して確認する

これでフローが完成しました。次のようにフローが組み立てられていることを確認したら、早速フローを実行して、現在の日時がメッセージボックスで表示されるか確認してみましょう。

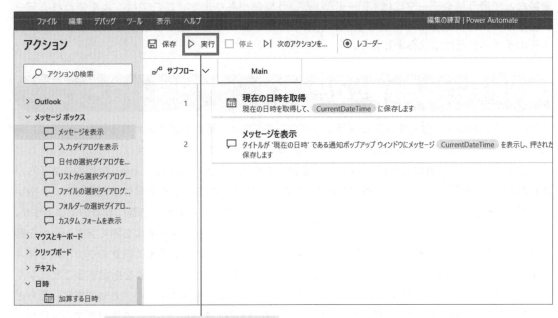

① ツールバーの ▷ をクリックする

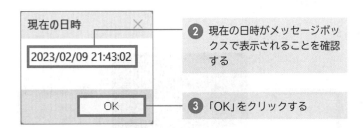

② 現在の日時がメッセージボックスで表示されることを確認する

③ 「OK」をクリックする

現在の日時がメッセージボックスで表示されたら、少し時間を置いて、再度フローを実行してみましょう。表示される日時はきちんと変化したでしょうか。このように変数を使えば、日時のように変化する値を自由に扱うことができるのです。

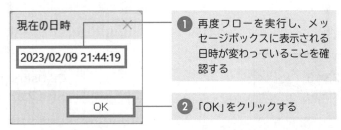

① 再度フローを実行し、メッセージボックスに表示される日時が変わっていることを確認する

② 「OK」をクリックする

16 | データ型とは

変数などで扱う値やデータには「データ型」という種類があります。ここでは、よく使われるデータ型をかんたんに確認してみましょう。現段階では、すべてを把握する必要はありません。おおよそのイメージだけつかみましょう。

▶ なぜデータ型が必要なのか

Power Automateに限らず、プログラミングツールの変数や定数などで扱われる値やデータは、それぞれの性質に応じて、「データ型」と呼ばれる種類で区別されています。例えば、「あいうえお」などの文字列は「テキスト値型」、「123」などの数値は「数値型」、「C:\Users\abc.xlsx」などのファイルパス（ファイルの場所）は「ファイル型」に該当します。これらは単に呼び方が異なるだけでなく、扱い方も異なります。では、どうして値やデータを扱ううえで、このような区別が必要になるのでしょうか。

今後よく登場することになる、「Excelの起動」アクションなどの、ファイルを開くアクションを例に考えてみましょう。このようなアクションでは、ファイルのパスを指定して特定のファイルを開きます。つまりデータ型としては、ファイル型の「C:\Users\abc.xlsx」などの値を指定することになります。しかし、もしこのようなアクションで、数値型の「12345」をファイルパスとして指定したらどうでしょうか。当然ながら数字だけのファイルパスは存在しないため、ファイルを開けずエラーになってしまいます。このように、アクションの処理ごとに扱える値やデータの形式が異なるため、データ型による区別が必要になるのです。

● データ型のイメージ

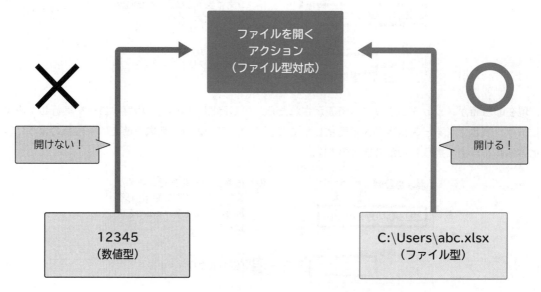

ここからは、よく使われる代表的なデータ型をかんたんに確認していきましょう。変数に格納されたときのデータ型の具体例も、変数の値の詳細画面（P.56～57参照）を示しながら紹介します。現時点では、値やデータの性質に応じて、おおまかな分類があることが理解できれば十分です。

❯ テキスト値型

　テキスト値型は、「あいうえお」や「ABCDEFG」など、一般的な文字列が該当するデータ型です。日本語や英語のほか、記号などもテキスト値型として扱えます。

❯ 数値型

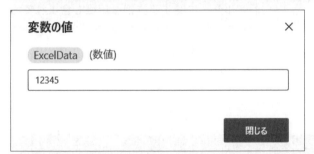

　数値型は、「12345」といった数字が該当するデータ型です。足し算や引き算などの算術演算は、数値型のみ行えます。また、あえて数字をテキスト値型に変換することもできます。

❯ Datetime型

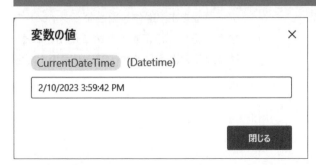

　Datetime型は、日付や時間が該当するデータ型です。アメリカ式の表記が採用されており、「月 / 日 / 年　時 : 分 : 秒　午前午後」の並び方で表現されます。

❯ ファイル型

変数の値

SelectedFile （ファイル）

プロパティ	値
.FullName	C:\Works\わんこリスト.xlsx
.Name	わんこリスト.xlsx
.Extension	.xlsx
.Exists	True

ファイル型は、ファイルのパスやファイル名などといった、ファイル情報が該当するデータ型です。ファイルサイズやファイルの作成日時など、ファイルに関連する詳細な情報も含まれており、個々の情報はプロパティとして区分されています。プロパティについては、P.63を参照してください。

❯ フォルダー型

変数の値

NewFolder （フォルダー）

プロパティ	値
.FullName	C:\Works\abc
.Name	abc
.Parent	C:\Works
.FoldersCount	0

フォルダー型は、フォルダーのパスやフォルダー名などといった、フォルダー情報が該当するデータ型です。ファイル型と同様に、フォルダーの作成日時など、フォルダーに関する詳細な情報も含まれており、個々の情報はプロパティとして区分されています。

❯ インスタンス型

変数の値

ExcelInstance （Excel インスタンス）

プロパティ	値
.Handle	264954

インスタンス型は、一部のアクションで開いたウィンドウなどの情報が該当するデータ型です。操作対象となるウィンドウなどを正しく指定するために使用される、整理情報のようなイメージで捉えてください。

リスト型

変数の値

FileContents （リストテキスト値）

#	アイテム
0	1
1	2
2	3

リスト型は、複数行にわたる情報をまとめたデータ型です。複数行のテキストを取得した場合などに変数に格納されます。箇条書きのテキストデータのようなイメージで捉えてください。リスト型の詳細については、P.74で解説します。

データテーブル型

変数の値

ExcelData （Datatable）

#	Column1	Column2	Column3
0	1	A	あ
1	2	B	い
2	3	C	う

データテーブル型は、複数行、複数列にわたる情報をまとめたデータ型です。Excelの表データのようなイメージで捉えてください。実際にExcelの表データを取得した場合などに変数に格納されます。データテーブル型の詳細はP.74で解説します。

プロパティ

変数の値

SelectedFile （ファイル）

プロパティ	値
.FullName	C:\Works\わんこリスト.xlsx
.Name	わんこリスト.xlsx

%SelectedFile.Name%　　　　　　　　　{x} ⓘ

プロパティとは、一部のデータ型に含まれる、情報の部分名です。例えばファイル型には、全ファイルパスを示す「.FullName」、ファイル名だけを示す「.Name」などのプロパティがあり、一部情報だけ指定して扱うことができます。「%SelectedFile.Name%」などと、変数名の後にプロパティ名をつなげて使用します。

17 | 条件分岐とは

ある条件を満たす場合と、その条件を満たさない場合で、処理を分けたいことがあるでしょう。このようなときに使われるのが条件分岐です。実際に条件によって処理が分かれるフローを作りながら、条件分岐の概念を押さえましょう。

❯ 条件によって処理を分ける「If」アクション

　条件分岐とは、具体的にはどのような場面で使用するのでしょうか。例えば、ファイル名に特定の案件名が含まれているファイルは削除し、それ以外のファイルは削除しない、という処理を行いたいときもあるでしょう。このような場面で活躍するのが条件分岐です。このとき、「もし特定の案件名が含まれているなら、そのファイルを削除する」というフローを組み立てる必要がありますが、この「もし〜なら」に該当するのが、代表的な条件分岐アクションである、「If」アクションです。

●「If」アクションのイメージ

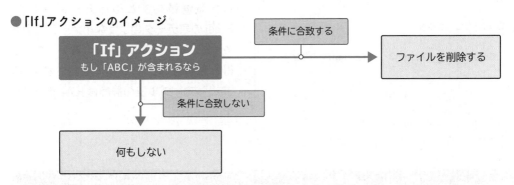

　「If」アクションでは、条件に合致した場合にのみ処理が行われますが、合致しない場合に、ファイルの移動など、別の処理を行いたい場合もあるでしょう。そのような場合には、「If」アクションに「Else」アクションを組み合わせて使います。「Else」アクションで、条件に合致しない場合の処理を指定するのです。

●「Else」アクションのイメージ

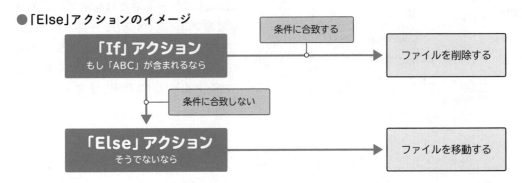

❷ くじ引きゲームを作る

条件分岐を理解するため、「If」アクションを使って、くじ引きゲームのフローを作ってみましょう。乱数を使って、もし「1」が出たら「当たり！」とメッセージボックスで表示し、「2」が出たら何もしないフローにします。

まずは、「変数」アクショングループの「乱数の生成」アクションで、乱数を生成するようにします。

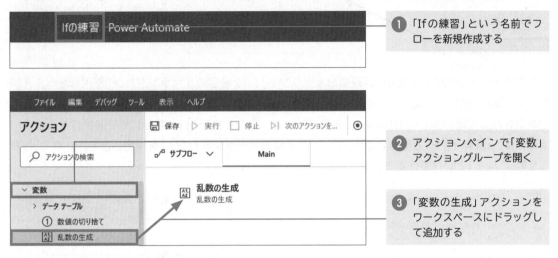

❶ 「Ifの練習」という名前でフローを新規作成する

❷ アクションペインで「変数」アクショングループを開く

❸ 「変数の生成」アクションをワークスペースにドラッグして追加する

「乱数の生成」アクションの設定画面では、「最小値」と「最大値」で、乱数の範囲を指定します。今回は「1〜2」の範囲にしたいため、「最小値」を「1」に、「最大値」を「2」にしましょう。

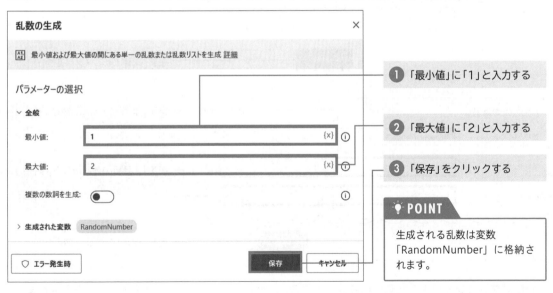

❶ 「最小値」に「1」と入力する

❷ 「最大値」に「2」と入力する

❸ 「保存」をクリックする

🔅 POINT

生成される乱数は変数「RandomNumber」に格納されます。

次に、乱数が「1」かどうかを判定するために、「条件」アクショングループの「If」アクションをワークスペースに追加します。

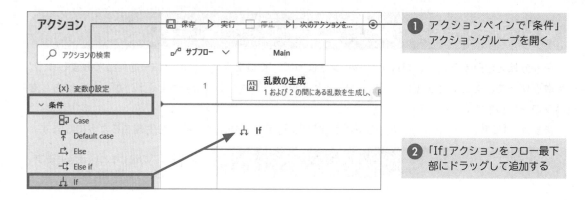

1 アクションペインで「条件」アクショングループを開く

2 「If」アクションをフロー最下部にドラッグして追加する

　「If」アクションの設定画面では、「最初のオペランド」と「2番目のオペランド」に値を入れたうえ、「演算子」で両者の関係を決めることで、条件を設定します。まず「最初のオペランド」に、生成した乱数が格納される変数「RandomNumber」を指定します。この乱数が「1」の場合に処理を実行するようにするには、「演算子」を「と等しい (=)」にし、「2番目のオペランド」に「1」を指定します。これで、「もし乱数=1なら」という条件ができあがりました。

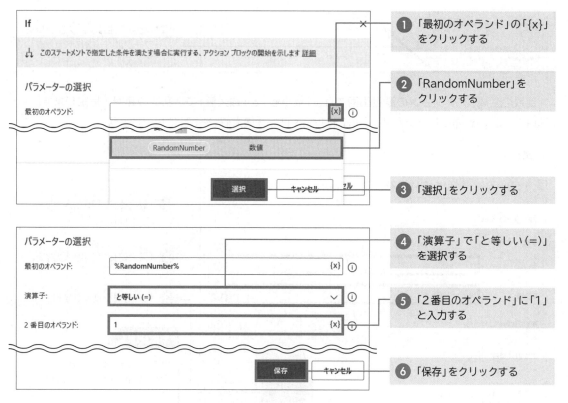

1 「最初のオペランド」の「{x}」をクリックする

2 「RandomNumber」をクリックする

3 「選択」をクリックする

4 「演算子」で「と等しい (=)」を選択する

5 「2番目のオペランド」に「1」と入力する

6 「保存」をクリックする

　「If」アクションで設定した条件に合致する場合、メッセージボックスで「当たり！」と表示させます。そこで、「メッセージを表示」アクションを追加します。このとき、「If」アクションの「If」と「End」の間に「メッセージを表示」アクションをはさむ形で追加するようにしてください。

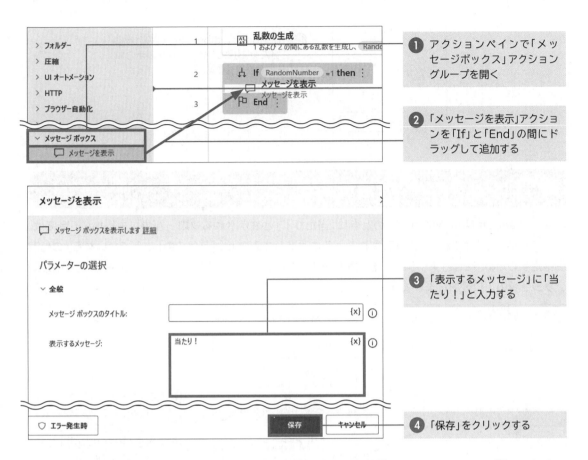

① アクションペインで「メッセージボックス」アクショングループを開く

② 「メッセージを表示」アクションを「If」と「End」の間にドラッグして追加する

③ 「表示するメッセージ」に「当たり！」と入力する

④ 「保存」をクリックする

これでフローが完成しました。何度かフローを実行して、変数「RandomNumber」が「1」のときに「当たり！」と表示されるか確認してみましょう。

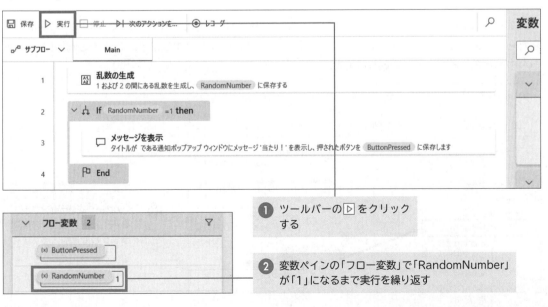

① ツールバーの ▷ をクリックする

② 変数ペインの「フロー変数」で「RandomNumber」が「1」になるまで実行を繰り返す

③ 「RandomNumber」が「1」のときに
「当たり！」のメッセージが表示され
ることを確認する

「Else」アクションを追加する

変数「RandomNumber」が「1」のときに「当たり！」と表示されるフローができましたが、今度は、
そうでないなら「はずれ！」と表示されるように改造してみましょう。この「そうでないなら」の処理
を指定するため、「Else」アクションを追加します。このとき、「If」アクション内の「メッセージを表示」
アクションの下に追加しましょう。

❶ 「条件」アクショングループ
の「Else」アクションを、「If」
アクション内の「メッセージ
を表示」アクションの下にド
ラッグして追加する

追加した「Else」アクションが、「If」アクションの「If」や「End」と一体化したでしょうか。うまくで
きたら、「Else」と「End」の間に、条件に合致しない場合の処理を追加します。ここでも同様に、「メッ
セージを表示」アクションを使用します。

❶ 「メッセージを表示」アクショ
ンを「Else」と「End」の間に
ドラッグして追加する

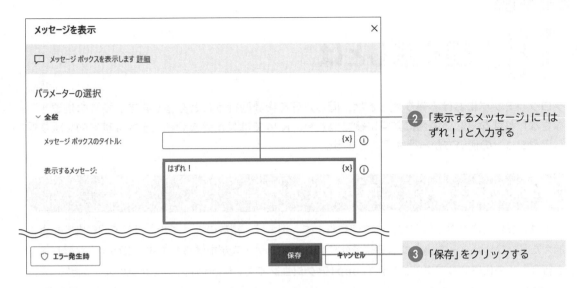

「表示するメッセージ」に「は ずれ！」と入力する

「保存」をクリックする

　これでフローは完成です。フローを実行して、変数「RandomNumber」が「1」のときに「当たり！」、そうでないときに「はずれ！」と表示されれば成功です。

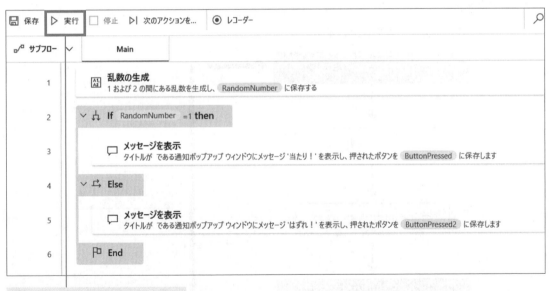

ツールバーの▷をクリックする

「RandomNumber」が「1」のときに「当たり！」、そうでないときに「はずれ！」のメッセージが表示されることを確認する

≫ 18 繰り返しとは

プログラミングにおける繰り返しとは、同じ処理を複数回行うことを指します。多くの処理をこなさなければならない場合に非常に役立つため、RPAでは欠かせません。まずは基本的な繰り返しアクションの使い方から押さえましょう。

◉ 同じ処理を繰り返す「Loop」アクション

RPAにおいて繰り返しは非常によく使われます。例えば、複数のファイルに対して同じ内容を書き加えたり、フォルダーをいくつも連続で作成したりするケースが挙げられます。このような繰り返しを行うための代表的なアクションが「Loop」アクションです。「Loop」アクションで繰り返せるのは、1つのアクションだけではありません。「If」アクションと同様に、「Loop」アクションも「End」アクションと1セットになっており、「Loop」と「End」ではさみ込んだアクションは、すべて指定した回数だけ繰り返されます。

●「Loop」アクションのイメージ

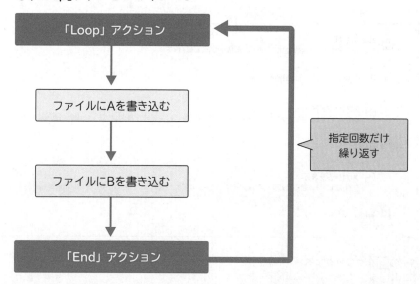

◉ くじ引きゲームを3回繰り返し実行する

SECTION 17ではくじ引きゲームのフローを作成しました。今回はこのフローをそのまま流用し、「Loop」アクションをフローの冒頭に追加して、フロー全体が3回繰り返し実行されるように改造してみましょう。

	Loopの練習 Power Automate	

① 「Loopの練習」という名前で
フローを新規作成する

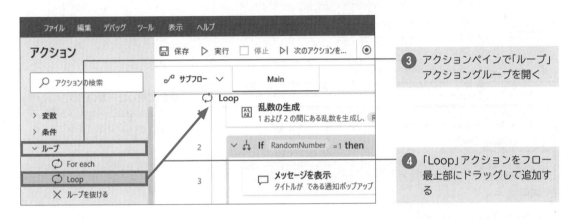

② SECTION 14の方法で、
SECTION 17で作成したフ
ローをワークスペースに貼り
付ける

③ アクションペインで「ループ」
アクショングループを開く

④ 「Loop」アクションをフロー
最上部にドラッグして追加す
る

「Loop」アクションの設定画面では、繰り返しの回数を指定します。「開始値」から「終了」までの数を繰り返すことになるため、3回繰り返すには、「開始値」を「1」に、「終了」を「3」にします。なお、「増分」は繰り返しのたびにカウントする数を指定するもので、今回は「1」にします。

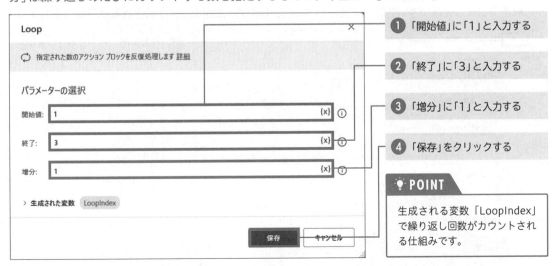

① 「開始値」に「1」と入力する

② 「終了」に「3」と入力する

③ 「増分」に「1」と入力する

④ 「保存」をクリックする

POINT

生成される変数「LoopIndex」
で繰り返し回数がカウントされ
る仕組みです。

071

これで「Loop」アクションがフローの最上部に追加されました。しかし、「End」アクションがフローの最下部にきていません。そこで、くじ引きのフロー全体を選択して、「Loop」と「End」の間にドラッグしましょう。

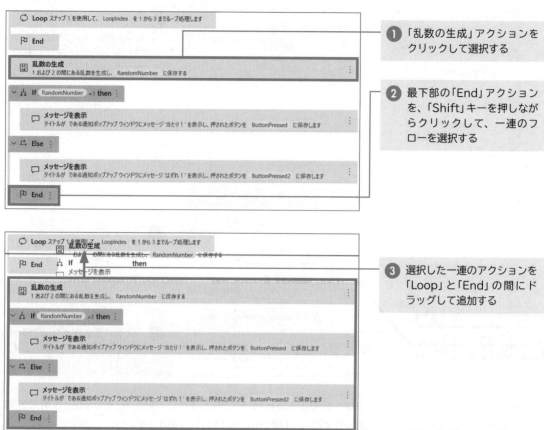

① 「乱数の生成」アクションをクリックして選択する

② 最下部の「End」アクションを、「Shift」キーを押しながらクリックして、一連のフローを選択する

③ 選択した一連のアクションを「Loop」と「End」の間にドラッグして追加する

これでフローは完成です。フローを実行して、くじ引きゲームが3回繰り返されるか確認しましょう。

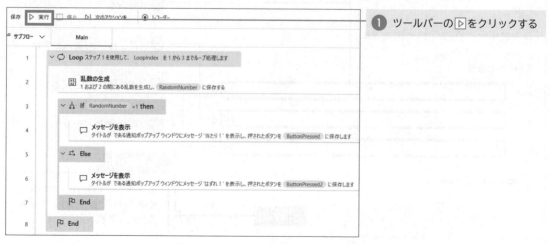

① ツールバーの ▷ をクリックする

当たり！	×
	OK

はずれ！	×
	OK

当たり！	×
	OK

2 くじ引きゲームが3回繰り返し実行されることを確認する

❯ 複数の値を持つ変数で使える「For each」アクション

「Loop」アクションのほかに繰り返し処理でよく使われるものに、「For each」アクションがあります。「Loop」アクションとは異なり、この「For each」アクションは繰り返しの回数を指定しません。そのかわり、リスト型やデータテーブル型といった複数の値を持つ変数を指定して、その行数分だけ、1行ずつ値の処理を繰り返します。

例えば、10行の値が入っているリスト型の変数を指定した場合、1行目の値から10行目の値まで順番に、計10回処理が行われます。具体的な活用例は、CHAPTER 5以降で紹介します。

For each	×
🔄 リスト、データ テーブル、またはデータ行にあるアイテムを反復処理して、アクション ブロックを繰り返して実行します 詳細	
パラメーターの選択	
反復処理を行う値: %Files% {x} ⓘ	
保存先: CurrentItem {x}	
保存 キャンセル	

「For each」アクションでは、複数の値を持つ変数を処理の対象とします。

	サブフロー ∨	Main
1		**フォルダー内のファイルを取得** 📋 '*.pdf' に一致するフォルダー 'C:\work' 内のファイルを取得し、 Files に保存する
2		∨ 🔄 **For each** CurrentItem in Files
3		**PDF から画像を抽出** 📄 PDF CurrentItem から画像 (名前 'aaa' から開始) を抽出し、フォルダー 'C:\work' に保存します
4		🏁 **End**

「For each」アクションも、「End」アクションとの間にアクションをはさみ込んで使います。

19 リスト／データテーブルとは

SECTION 16で解説したデータ型のうち、リスト型でまとめられた情報を「リスト」、データテーブル型でまとめられた情報を「データテーブル」と呼びます。繰り返し処理などで多用されるため、扱い方をしっかりと押さえておきましょう。

❯ リストは縦1列、データテーブルは縦横

P.63で解説したように、リスト型は複数行にわたる情報のデータ型で、またデータテーブル型は、複数行、複数列にわたる情報のデータ型です。変数に格納されたそれぞれの情報を、端的に「リスト」「データテーブル」と呼びますが、リストは箇条書きのような縦1列に並ぶデータ、データテーブルはExcelの表のような縦横に並ぶデータとして考えてください。

● リスト

変数の値

FileContents (リストテキスト値)

#	アイテム
0	1
1	2
2	3
3	4
4	5
5	6
6	7

● データテーブル

変数の値

ExcelData (Datatable)

#	Column1	Column2	Column3
0	1	A	あ
1	2	B	い
2	3	C	う
3	4	D	え
4	5	E	お
5	6	F	か
6	7	G	き

情報がリストにまとめられるのは、テキストや複数のファイルをアクションで取得した場合などです。Excelの表をアクションで取得した場合などは、情報はデータテーブルでまとめられます。リストの場合は1列、データテーブルの場合は複数列になるだけで、情報の抜き出し方などの基本的な扱い方に違いはありません。

❯ Excelの表をデータテーブルとして取得する

今回は、Excelの表をデータテーブルとして取得してみます。そして、そのデータテーブルから特定の情報を抜き出し、メッセージボックスで表示する手順を確認しましょう。

今回使用するExcelファイルは、犬の情報を表にまとめた、右の「わんこリスト.xlsx」です。表の範囲であるセルA1〜セルC5を、データテーブルとして取得します。なお、パソコンの「Cドライブ」に、「わんこリスト.xlsx」が入った「work」フォルダーを設置してから、フローを作成してください。

まずは、「わんこリスト.xlsx」を開くようにします。Excelファイルを開くには、「Excel」アクショングループの「Excelの起動」アクションを使用します。

	A	B	C
1	飼主	犬種	名前
2	岩田	パグ	たろ
3	斉田	柴犬	ふわり
4	加川	秋田犬	シロ
5	福島	チワワ	ポチ

セルA1〜セルC5をデータテーブルとして取得する

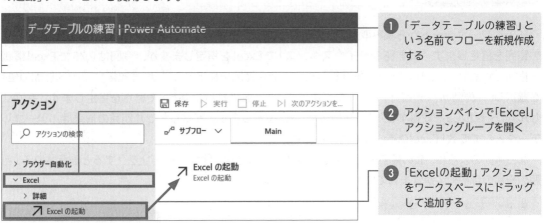

❶ 「データテーブルの練習」という名前でフローを新規作成する

❷ アクションペインで「Excel」アクショングループを開く

❸ 「Excelの起動」アクションをワークスペースにドラッグして追加する

「Excelの起動」アクションの設定画面では、「Excelの起動」で「次のドキュメントを開く」を選択すると、Excelファイルを開けます。開くファイルは「ドキュメントパス」で🗋をクリックして選択します。

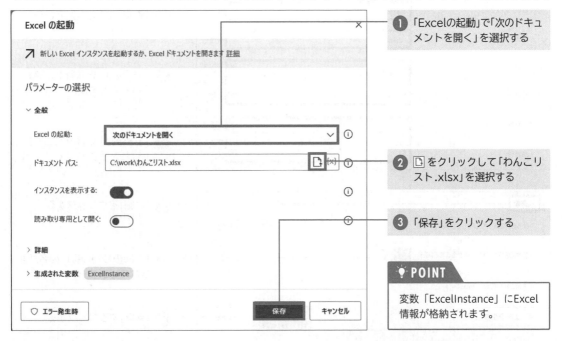

❶ 「Excelの起動」で「次のドキュメントを開く」を選択する

❷ 🗋をクリックして「わんこリスト.xlsx」を選択する

❸ 「保存」をクリックする

> 💡POINT
> 変数「ExcelInstance」にExcel情報が格納されます。

Excelの表の情報を取得するには、「Excel」アクショングループの「Excelワークシートから読み取る」アクションを使用します。

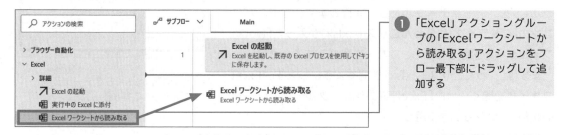

① 「Excel」アクショングループの「Excelワークシートから読み取る」アクションをフロー最下部にドラッグして追加する

「Excelワークシートから読み取る」アクションの設定画面では、読み取る対象のExcelと、その値の範囲を指定します。まず「Excelインスタンス」でExcelを指定しますが、今回はP.75でExcel情報を格納した変数「ExcelInstance」を選択します。セル範囲を指定するには、「取得」で「セル範囲の値」を選択し、「先頭列」「先頭行」でセル範囲の始点を、「最終列」「最終行」で終点を指定します。今回はセルA1〜セルC5を取得するため、以下のように指定します。取得したセル範囲の情報は、テーブルデータとして変数「ExcelData」に格納されます。

なお今回のように、表の最初の行に列名が含まれる場合は、「詳細」をクリックすると表示される「範囲の最初の行に列名が含まれています」をオンにします。

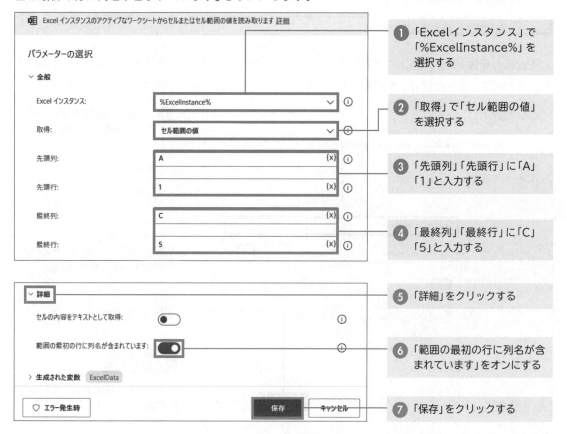

① 「Excelインスタンス」で「%ExcelInstance%」を選択する

② 「取得」で「セル範囲の値」を選択する

③ 「先頭列」「先頭行」に「A」「1」と入力する

④ 「最終列」「最終行」に「C」「5」と入力する

⑤ 「詳細」をクリックする

⑥ 「範囲の最初の行に列名が含まれています」をオンにする

⑦ 「保存」をクリックする

これでExcelの情報は取得できるので、Excelは閉じて構いません。そのためには、「Excel」アクショングループの「Excelを閉じる」アクションを追加します。アクションの設定画面では、「Excelインスタンス」で、閉じるExcel情報が格納されている変数「ExcelInstance」を指定します。

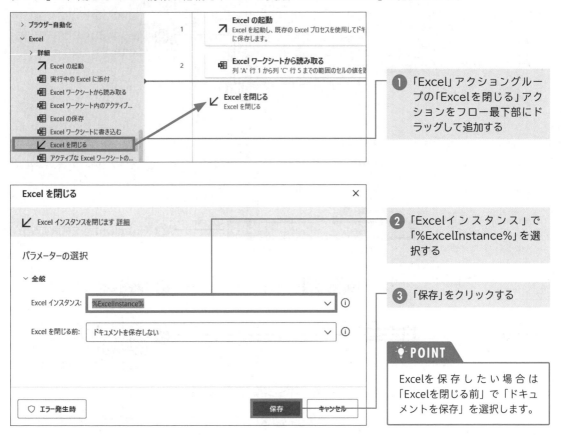

① 「Excel」アクショングループの「Excelを閉じる」アクションをフロー最下部にドラッグして追加する

② 「Excelインスタンス」で「%ExcelInstance%」を選択する

③ 「保存」をクリックする

POINT

Excelを保存したい場合は「Excelを閉じる前」で「ドキュメントを保存」を選択します。

取得した表のテーブルデータをメッセージボックスで表示するため、「メッセージを表示」アクションを追加します。表のテーブルデータは変数「ExcelData」に格納されているため、アクションの設定画面の「表示するメッセージ」では、変数「ExcelData」を指定します。

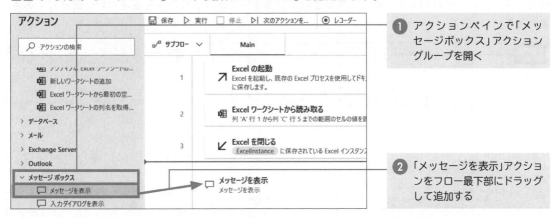

① アクションペインで「メッセージボックス」アクショングループを開く

② 「メッセージを表示」アクションをフロー最下部にドラッグして追加する

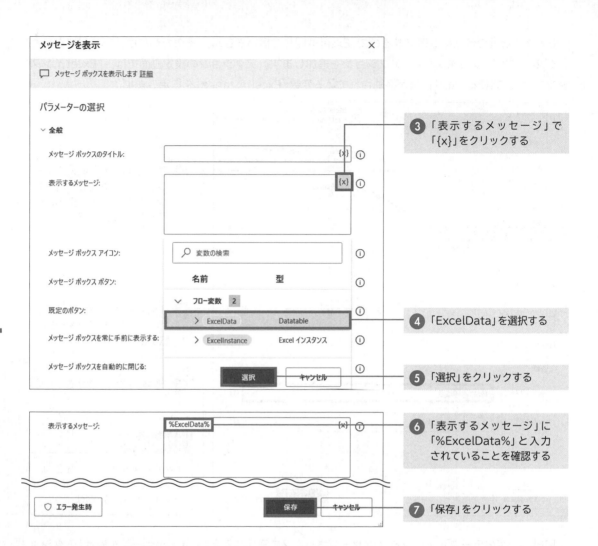

③ 「表示するメッセージ」で「{x}」をクリックする

④ 「ExcelData」を選択する

⑤ 「選択」をクリックする

⑥ 「表示するメッセージ」に「%ExcelData%」と入力されていることを確認する

⑦ 「保存」をクリックする

これでフローは完成です。以下のようにフローが組み立てられていることを確認したら、フローを実行してみましょう。列名を除く「わんこリスト.xlsx」の中身がメッセージボックスで表示されたら成功です。また、変数「ExcelData」に格納されているデータテーブルの中身もあわせて確認しておきましょう。

① ツールバーの ▷ をクリックする

② 「わんこリスト.xlsx」の中身が表示されることを確認し、「OK」をクリックする

③ 変数ペインの「フロー変数」で「ExcelData」をダブルクリックする

④ 「わんこリスト.xlsx」と同じ中身がデータテーブルとして格納されていることを確認し、「閉じる」をクリックする

変数の値

ExcelData (Datatable)

#	飼主	犬種	名前
0	岩田	パグ	たろ
1	斉田	柴犬	ふわり
2	加川	秋田犬	シロ
3	福島	チワワ	ポチ

　データテーブルでは、行番号、列番号とも「0」から始まることを覚えておきましょう。リストの場合も行番号は「0」から始まります。なお、P.76の「Excelワークシートから読み取る」アクションの設定で「範囲の最初の行に列名が含まれています」をオンにしたため、上のデータテーブルでは列名が表外になっています。そのため、「岩田／パグ／たろ」が0行目となります。

❷ データテーブルから一部の値を抜き出す

　次に、データテーブルから一部の値だけ抜き出してみましょう。P.78では、「メッセージを表示」アクションの「表示するメッセージ」で、データテーブルが格納されている変数「ExcelData」を「%ExcelData%」と指定しました。このようにデータテーブルが格納されている変数を指定する際、「%変数名［行番号］%」と指定すると、その行の値だけ抜き出せます。今回のデータテーブルで2行目の「加川／秋田犬／シロ」を抜き出すなら、「%ExcelData[2]%」と指定します。「%ExcelData%[2]」ではないことに注意しましょう。なお、リストの場合も同様に、「%変数名［行番号］%」で指定します。

　試しに、「メッセージを表示」アクションの「表示するメッセージ」を「%ExcelData[2]%」に変更して、再度実行してみましょう。

　このように、2行目の値だけ表示されれば成功です。

　データテーブルでは、行番号と列番号を同時に指定して、双方が交差する場所の値だけ抜き出すこともできます。この場合は、「%変数名［行番号］［列番号］%」と指定します。今回のデータテーブルで、2行目と1列目を指定して「秋田犬」を抜き出すなら、「%ExcelData［2］［1］%」と指定します。

　データテーブルに、今回のように表外の列名がある場合は、列名を使って列を指定することもできます。列名を使う場合は、「%変数名［行番号］［'列名'］%」と指定します。今回のデータテーブルで、2行目と列名「犬種」を指定して「秋田犬」を抜き出すなら、「%ExcelData［2］［'犬種'］%」と指定します。

4

.....

ファイルやフォルダーを
操作しよう

ここからは実践的なフローを作っていきま
しょう。まずは、ファイルやフォルダーを操
作するフローに挑戦します。ファイルのコピー
や名前の変更、フォルダーの作成などを通し
て、Power Automateの基本スキルを磨い
てください。

20 ファイルをコピーする

まずはPower Automateの操作に慣れるために、ファイルをコピーするかんたんなフローから作成してみましょう。コピー元のファイルをダイアログで選択し、複数のファイルを同時にコピーできるようにします。

このSECTIONでやること

あらかじめ「Cドライブ」に「work」フォルダーと「work2」フォルダーを用意し、「work」フォルダーに複数のファイルを入れておきます。そのうえで、「work」フォルダー内のファイルを選択して「work2」フォルダーにコピーするフローを作成しましょう。

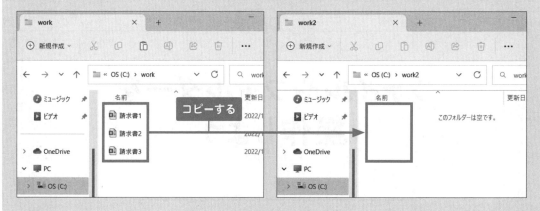

❯ コピー元のファイルを選択する

ファイルをダイアログで選択できるようにするには、「メッセージボックス」アクショングループの「ファイルの選択ダイアログを表示」アクションを使用します。

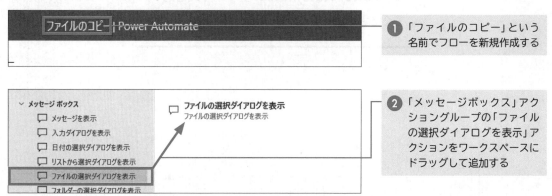

❶「ファイルのコピー」という名前でフローを新規作成する

❷「メッセージボックス」アクショングループの「ファイルの選択ダイアログを表示」アクションをワークスペースにドラッグして追加する

CHAPTER 4 ファイルやフォルダーを操作しよう

「ファイルの選択ダイアログを表示」アクションの設定画面が表示されるので、各項目を設定していきます。「ダイアログのタイトル」に任意のタイトルを入力し、「初期フォルダー」にはダイアログで最初に表示されるフォルダーを指定します。ここでは、「work」フォルダーを指定します。

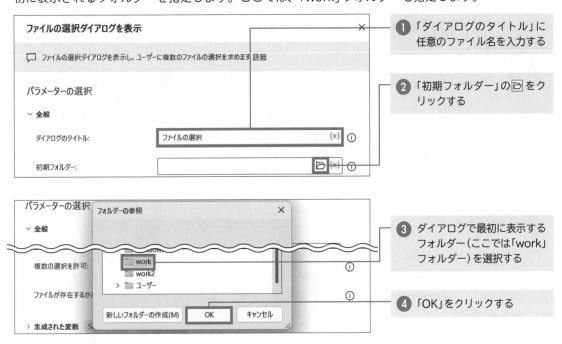

1 「ダイアログのタイトル」に任意のファイル名を入力する

2 「初期フォルダー」の🗁 をクリックする

3 ダイアログで最初に表示するフォルダー（ここでは「work」フォルダー）を選択する

4 「OK」をクリックする

ファイル選択ダイアログを常に手前に表示するには、「ファイル選択ダイアログを常に手前に表示する」をオンにします。また、複数のファイルを選択できるようにするには、「複数の選択を許可」をオンにします。

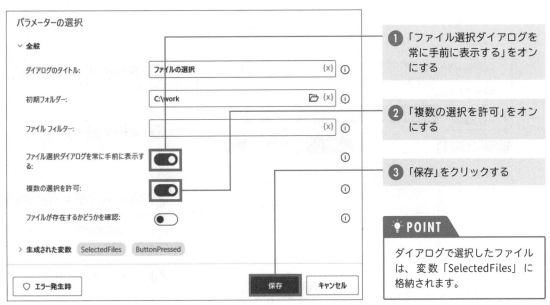

1 「ファイル選択ダイアログを常に手前に表示する」をオンにする

2 「複数の選択を許可」をオンにする

3 「保存」をクリックする

💡 POINT

ダイアログで選択したファイルは、変数「SelectedFiles」に格納されます。

❯ ファイルをコピーする

コピー元のファイルを選択するフローができたので、ファイルをコピーするアクションを追加しましょう。ファイルをコピーするには、「ファイル」アクショングループの「ファイルのコピー」アクションを使用します。

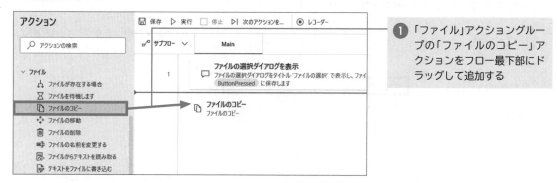

❶ 「ファイル」アクショングループの「ファイルのコピー」アクションをフロー最下部にドラッグして追加する

「ファイルのコピー」アクションの設定画面が表示されるので、各項目を設定していきます。「コピーするファイル」でファイルを指定しますが、P.83のダイアログで選択したファイルは変数「SelectedFiles」に格納されるため、この変数を指定します。コピー先のフォルダーは、「宛先フォルダー」で指定します。

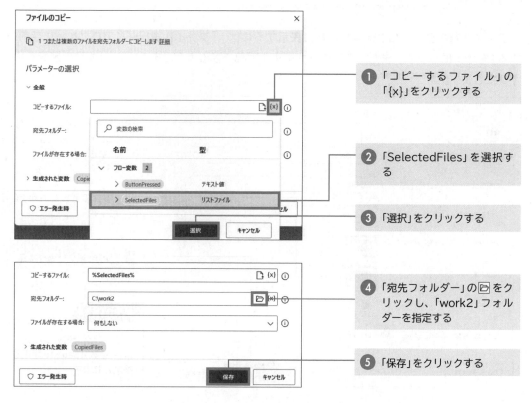

❶ 「コピーするファイル」の「{x}」をクリックする

❷ 「SelectedFiles」を選択する

❸ 「選択」をクリックする

❹ 「宛先フォルダー」の 📁 をクリックし、「work2」フォルダーを指定する

❺ 「保存」をクリックする

❯ フローを確認する

　これでフローが完成しました。次のようにフローが組み立てられていることを確認したら、フローデザイナーの▷をクリックして実行してみましょう。表示されるダイアログでファイルを選択し、そのファイルが「work2」フォルダーにコピーされたら成功です。

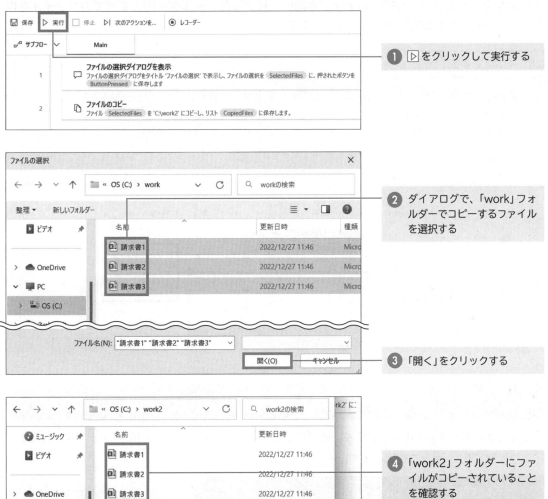

① ▷をクリックして実行する

② ダイアログで、「work」フォルダーでコピーするファイルを選択する

③ 「開く」をクリックする

④ 「work2」フォルダーにファイルがコピーされていることを確認する

CHAPTER

4

ファイルやフォルダーを操作しよう

> **⊘ COLUMN ▶ コピー先フォルダーにファイルがすでにある場合**
>
> 　コピーしようとしたファイルと同じファイル名のファイルがコピー先フォルダーにある場合、今回の設定では、コピーは行われません。このような場合にファイルを上書きしたければ、P.84の「ファイルのコピー」アクションの設定画面で、「ファイルが存在する場合」を「何もしない」から「上書き」に変更しましょう。

21 | ファイル名をまとめて変更する

ファイル名に日時などを付けて整理したいこともあるでしょう。そのようなときのために、ファイル名を変更するフローを紹介します。今回は、指定したフォルダー内のすべてのファイルを自動的に取得し、まとめて変更するようにします。

このSECTIONでやること

あらかじめ「Cドライブ」に「work」フォルダーを用意し、複数のファイルを入れておきます。そのうえで、「work」フォルダー内のすべてのファイルの名前を変更するフローを作成しましょう。今回は、ファイル名の前に、ファイルの更新日時と「-」（ダッシュ）を追加するようにします。

◢ フォルダー内のファイルをまとめて取得する

フォルダー内のファイルを取得するには、「フォルダー」アクショングループの「フォルダー内のファイルを取得」アクションを使用します。

ファイル名の変更 | Power Automate

❶ 「ファイル名の変更」という名前でフローを新規作成する

② 「フォルダー」アクショング
ループの「フォルダー内の
ファイルを取得」アクション
をワークスペースにドラッグ
して追加する

　「フォルダー内のファイルを取得」アクションの設定画面では、「フォルダー」で、対象となるファイルがあるフォルダーを指定します。今回は「work」フォルダーを指定します。

　ポイントになるのは、「ファイルフィルター」で、取得するファイルを選別できることです。純粋に「請求書1.xlsx」などとファイル名全体を入力するとそのファイルのみ取得できますが、すべてのファイルを取得する場合は「*」を指定しましょう。この「*」は、不特定の文字列すべてを表す特殊記号です。また、1字だけ不特定の文字にしたい場合は、「請求書?.xlsx」のように、その部分に「?」を指定します。こうした「*」や「?」をワイルドカードと呼び、ファイルなどを幅広く指定したい場合に使います。

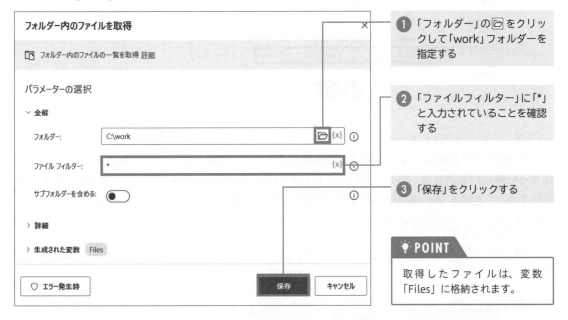

① 「フォルダー」の 🗁 をクリッ
クして「work」フォルダーを
指定する

② 「ファイルフィルター」に「*」
と入力されていることを確認
する

③ 「保存」をクリックする

> 💡 POINT
> 取得したファイルは、変数
> 「Files」に格納されます。

◉ ファイル名を変更する

　ファイル名を変更するには、「ファイル」アクショングループの「ファイルの名前を変更する」アクションを使用します。

1 「ファイル」アクショングループの「ファイルの名前を変更する」アクションをフロー最下部にドラッグして追加する

「ファイルの名前を変更する」アクションの設定画面では、まず「名前を変更するファイル」でファイルを指定します。P.87 で取得したファイルは変数「Files」に格納されるため、この変数を指定します。

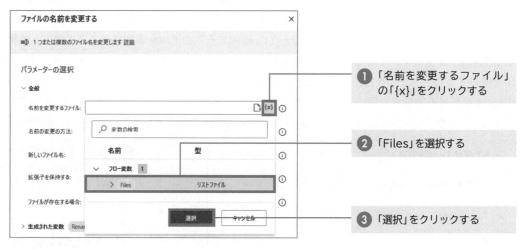

1 「名前を変更するファイル」の「{x}」をクリックする

2 「Files」を選択する

3 「選択」をクリックする

「名前の変更の方法」では、ファイル名の変更方法を選択できます。「新しい名前を設定する」「テキストを追加する」「連番にする」などの選択肢もありますが、今回は「日時を追加する」を選択します。「追加する日時」は「最終更新日時」にします。「日時を追加する」では、日時をファイル名の前後どちらに追加するか指定でき、前に追加するには「操作前の名前」にします。「区切り記号」は「ダッシュ」にし、「日時の形式」は「yyyyMMdd」のままとします。

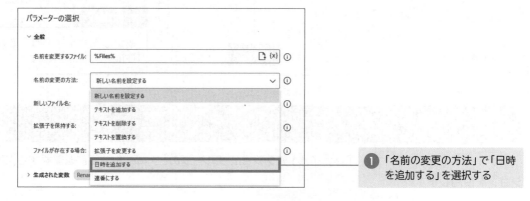

1 「名前の変更の方法」で「日時を追加する」を選択する

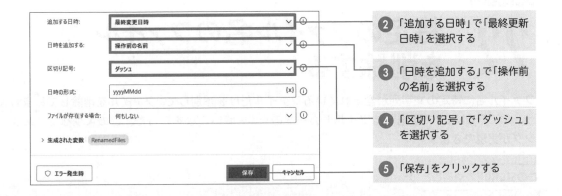

● フローを確認する

次のようにフローが組み立てられていることを確認したら、フローデザイナーの ▷ をクリックして実行してみましょう。「work」フォルダー内のファイルの名前の前に、ファイルの更新日時と「-」が追加されたら成功です。

● COLUMN 日時の形式

「ファイルの名前を変更する」アクションの設定画面では、「日時の形式」を「yyyyMMdd」のままにしました。「yyyy」は年、「MM」は月、「dd」は日を表しており、年月にしたければ「yyyyMM」、月日にしたければ「MMdd」にします。また、時は「hh」、分は「mm」で表され、それぞれ自由に追加できます。

22 特定のファイル名のファイルを削除する

ファイル名に特定の文字列が含まれているファイルだけを選別して、ファイルを削除してみましょう。SECTION 21で登場したワイルドカードの「*」を使いこなすことで、このようなフィルタリングが実現できます。

このSECTIONでやること

あらかじめ「Cドライブ」に「work」フォルダーを用意し、複数のファイルを入れておきます。そのうえで、ファイル名に「請求書」という文字列が含まれるファイルのみ、すべて削除するフローを作成しましょう。

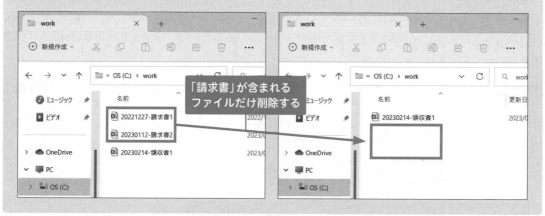

「請求書」が含まれるファイルだけ削除する

❯ 特定のファイル名のファイルを取得する

フォルダー内のファイルを取得するため、SECTION 21と同じく、「フォルダー」アクショングループの「フォルダー内のファイルを取得」アクションを使用します。

特定ファイル名のファイル削除 | Power Automate

レコーダー

❶「特定ファイル名のファイル削除」という名前でフローを新規作成する

CHAPTER 4 ファイルやフォルダーを操作しよう

② 「フォルダー」アクショングループの「フォルダー内のファイルを取得」アクションをワークスペースにドラッグして追加する

「フォルダー内のファイルを取得」アクションの設定画面では、まず「フォルダー」で、対象となるファイルがある「work」フォルダーを指定します。

SECTION 21 では、「ファイルフィルター」で、不特定の文字列を表すワイルドカードの「*」を指定し、すべてのファイルを取得できるようにしました。「*」は通常の文字を組み合わせることもでき、その場合は、通常の文字の部分が一致するファイルが取得されます。例えば「*.xlsx」なら、ファイル名の末尾が「.xlsx」になる xlsx 形式のファイルがすべて取得されます。「請求書*」なら、ファイル名の先頭が「請求書」のファイルがすべて取得されます。今回は「請求書」という文字列が含まれるファイルを取得したいため、「請求書*」と指定すればいいように思えますが、実は正しくありません。これではファイル名の中間に「請求書」が含まれるファイルは取得できないからです。ファイル名の中間に「請求書」が含まれるファイルを取得するには、先頭にも「*」を付けて、「請求書」の前も不特定の文字列にしなければなりません。そのため今回は、「*請求書*」と指定します。

ファイルフィルターの指定	取得対象
*	すべてのファイル
*.xlsx	ファイル名の末尾が「.xlsx」になる xlsx 形式のファイル
請求書*	「請求書」がファイル名の先頭に付くファイル
請求書	「請求書」がファイル名に含まれるファイル
請求書?.xlsx	「請求書1.xlsx」「請求書2.xlsx」「請求書3.xlsx」など

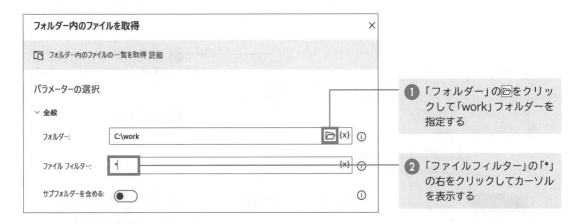

① 「フォルダー」の⬁をクリックして「work」フォルダーを指定する

② 「ファイルフィルター」の「*」の右をクリックしてカーソルを表示する

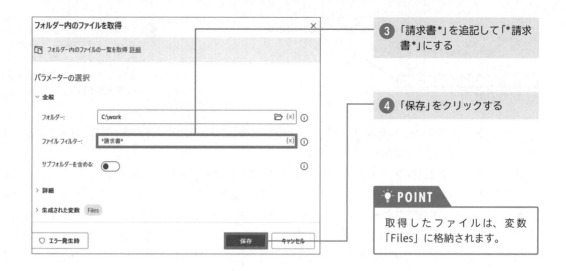

③ 「請求書*」を追記して「*請求書*」にする

④ 「保存」をクリックする

❯ ファイルを削除する

ファイルを削除するには、「ファイル」アクショングループの「ファイルの削除」アクションを使用します。アクションの設定では、「削除するファイル」に、取得したファイルが格納されている変数「Files」を指定します。

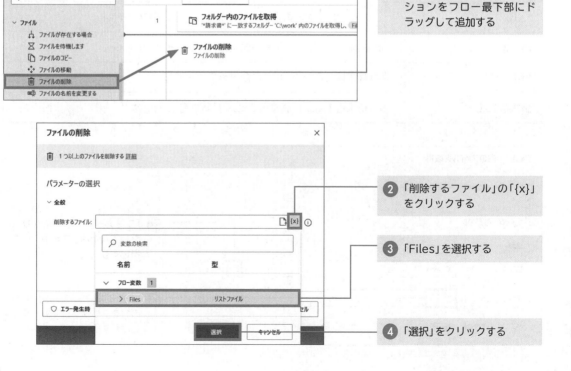

① 「ファイル」アクショングループの「ファイルの削除」アクションをフロー最下部にドラッグして追加する

② 「削除するファイル」の「{x}」をクリックする

③ 「Files」を選択する

④ 「選択」をクリックする

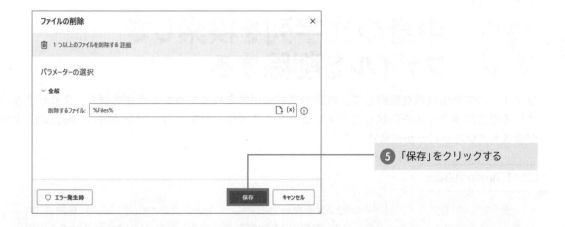

⑤ 「保存」をクリックする

❯ フローを確認する

次のようにフローが組み立てられていることを確認したら、フローデザイナーの▷をクリックして実行してみましょう。「work」フォルダー内の、ファイル名に「請求書」という文字列が含まれるファイルのみ削除されたら成功です。

① ▷をクリックして実行する

② ファイル名に「請求書」という文字列が含まれるファイルのみ削除されていることを確認する

✅ COLUMN 削除されたファイルは復元できない

「ファイルの削除」アクションによって削除されたファイルは、ただちにパソコンから削除され、「ごみ箱」にも残されません。復元できないため、「ファイルの削除」アクションを使う場合は、間違ったファイルを指定しないよう、入念に確認するようにしましょう。テスト運転時は、データのバックアップも取っておくとよいでしょう。

23 中身の文字列を検索して ファイルを削除する

ファイルの中身の情報を取得して、特定の文字列が含まれているかどうかを調べ、それが含まれている場合にファイルを削除してみましょう。ここでは「If」アクションを使用し、特定の文字列が含まれているかどうかを判定します。

> **このSECTIONでやること**

あらかじめ「Cドライブ」に「work」フォルダーを用意し、テキストファイル（ここでは「企画書.txt」）を入れておきます。そのうえで、入力ダイアログで文字列を指定し、その文字列がファイルの中身に含まれる場合にファイルを削除するフローを作成しましょう。今回は、特定の取引先に関するファイルを削除するケースを想定し、「XXX商事」を検索して該当ファイルを削除するようにします。

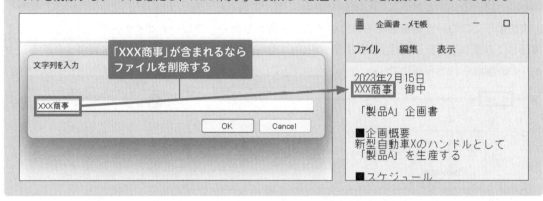

▶ ファイルからテキストを取得する

まず、ファイルをダイアログで選択できるように、「メッセージボックス」アクショングループの「ファイルの選択ダイアログを表示」アクションを追加します。アクションの設定画面では、「ダイアログのタイトル」に任意のタイトルを入力し、「初期フォルダー」で「work」フォルダーを指定します。なお、今回は1つのファイルだけ選択するため、「複数の選択を許可」はオフのままにします。

❶ 「文字列検索でファイル削除」という名前でフローを新規作成する

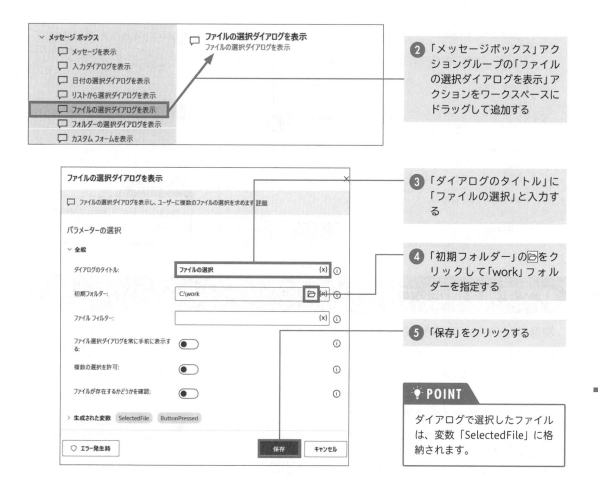

② 「メッセージボックス」アクショングループの「ファイルの選択ダイアログを表示」アクションをワークスペースにドラッグして追加する

③ 「ダイアログのタイトル」に「ファイルの選択」と入力する

④ 「初期フォルダー」の 📁 をクリックして「work」フォルダーを指定する

⑤ 「保存」をクリックする

🔆 POINT

ダイアログで選択したファイルは、変数「SelectedFile」に格納されます。

テキストファイルからテキストを取得するには、「ファイル」アクショングループの「ファイルからテキストを読み取る」アクションを使用します。

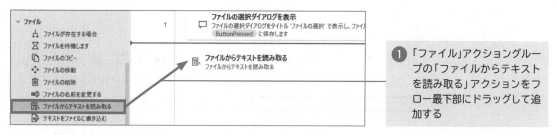

① 「ファイル」アクショングループの「ファイルからテキストを読み取る」アクションをフロー最下部にドラッグして追加する

「ファイルからテキストを読み取る」アクションの設定画面では、まず「ファイルパス」で、選択したファイルが入っている変数「SelectedFile」を指定します。「内容の保存方法」では、「単一のテキスト値」と「リスト」が選択できますが、今回はリストを使用しないため、「単一のテキスト値」のままとします。「エンコード」では、ファイルを読み取るうえでのエンコード（変換方式）を指定しますが、今回は一般的な「UTF-8」のままとします。もしテキストをうまく取得できない場合は、この「エンコード」を変更してみてください。

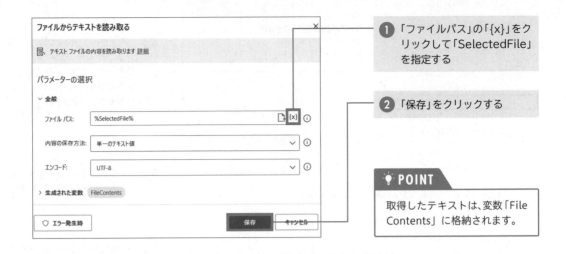

① 「ファイルパス」の「{x}」をクリックして「SelectedFile」を指定する

② 「保存」をクリックする

💡 POINT

取得したテキストは、変数「File Contents」に格納されます。

❯ 文字列を指定して検索する

　取得したテキストに、特定の文字列が含まれるかどうかを調べるために、まず入力ダイアログで文字列を指定できるようにします。このような入力ダイアログを使う場合は、「メッセージボックス」アクショングループの「入力ダイアログを表示」アクションを使用します。アクションの設定画面では、「入力ダイアログのタイトル」に任意のタイトルを入力するだけで構いません。

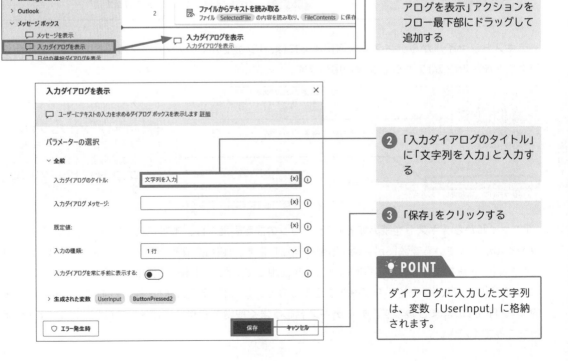

① 「メッセージボックス」アクショングループの「入力ダイアログを表示」アクションをフロー最下部にドラッグして追加する

② 「入力ダイアログのタイトル」に「文字列を入力」と入力する

③ 「保存」をクリックする

💡 POINT

ダイアログに入力した文字列は、変数「UserInput」に格納されます。

● 文字列が含まれる場合にファイルを削除する

入力した文字列が含まれる場合にファイルを削除するため、「条件」アクショングループの「If」アクションを追加して、条件分岐を行います。

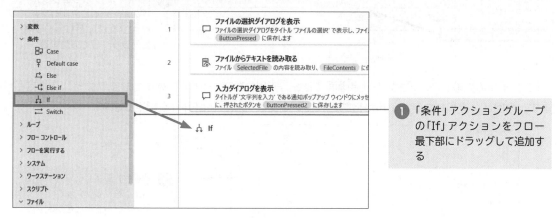

① 「条件」アクショングループの「If」アクションをフロー最下部にドラッグして追加する

「If」アクションの設定画面では、「取得したテキストに、入力した文字列が含まれる」ことを条件として設定します。そのためには、「最初のオペランド」に、取得したテキストが格納されている変数「FileContents」を指定し、「演算子」で「次を含む」を選択し、「2番目のオペランド」に、入力した文字列が格納されている変数「UserInput」を指定します。これで、変数「FileContents」に変数「UserInput」が含まれる場合に、「If」アクションが動くことになります。

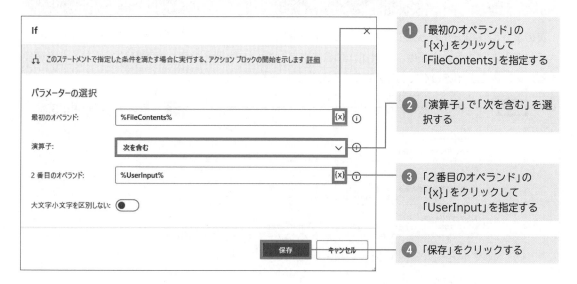

① 「最初のオペランド」の「{x}」をクリックして「FileContents」を指定する

② 「演算子」で「次を含む」を選択する

③ 「2番目のオペランド」の「{x}」をクリックして「UserInput」を指定する

④ 「保存」をクリックする

ファイルを削除するには、「ファイル」アクショングループの「ファイルの削除」アクションを使用します。「If」アクションの「If」と「End」の間にこの「ファイルの削除」アクションを追加し、入力した文字列が含まれる場合に動作するようにしましょう。

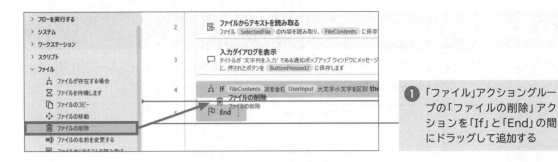

「ファイルの削除」アクションの設定画面では、「削除するファイル」で対象となるファイルを指定します。今回は、選択したファイルが格納されている変数「SelectedFile」を指定します。

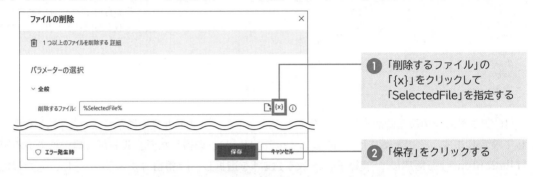

① 「削除するファイル」の「{x}」をクリックして「SelectedFile」を指定する

② 「保存」をクリックする

❯ フローを確認する

次のようにフローが組み立てられていることを確認したら、フローデザイナーの▷をクリックして実行してみましょう。まずは、ファイルに含まれていない文字列を指定した場合にどうなるかを確認するため、入力ダイアログで「ZZZ商事」と入力してみましょう。

① ▷をクリックして実行する

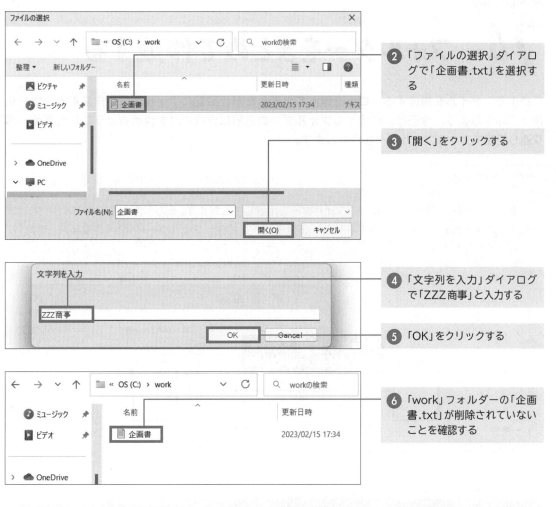

2 「ファイルの選択」ダイアログで「企画書.txt」を選択する

3 「開く」をクリックする

4 「文字列を入力」ダイアログで「ZZZ商事」と入力する

5 「OK」をクリックする

6 「work」フォルダーの「企画書.txt」が削除されていないことを確認する

　このように、ファイルが削除されなければ正しく動作しています。それでは再度フローを実行し、今度は入力ダイアログで「XXX商事」と入力してみましょう。「企画書.txt」が削除されたら成功です。

1 「文字列を入力」ダイアログで「XXX商事」と入力する

2 「OK」をクリックする

3 「work」フォルダーの「企画書.txt」が削除されていることを確認する

24 フォルダーをまとめて作成する

これまでファイルを操作するフローを作ってきましたが、最後にフォルダーを作成するフローを作ってみましょう。今回は、作成するフォルダーの名前に作成年月を含めるようにしたうえ、繰り返し処理で3つのフォルダーを作成します。

このSECTIONでやること

あらかじめ「Cドライブ」に「work」フォルダーを用意しておきます。そのうえで、「work」フォルダーに3つのフォルダーを新規作成するフローを作成しましょう。フォルダー名は、「作成年月_連番」となるようにします。

「作成年月_連番」の名前でフォルダーを3つ作成する

❯ 日時を取得する

まず、フォルダーの名前に作成年月を指定できるように、「日時」アクショングループの「現在の日時を取得」アクションを追加します。アクションの設定画面では、「取得」は「現在の日時」のままにし、「タイムゾーン」も「システムタイムゾーン」のままにします。

フォルダーの作成 | Power Automate

❶「フォルダーの作成」という名前でフローを新規作成する

② 「日時」アクショングループの「現在の日時を取得」アクションをワークスペースにドラッグして追加する

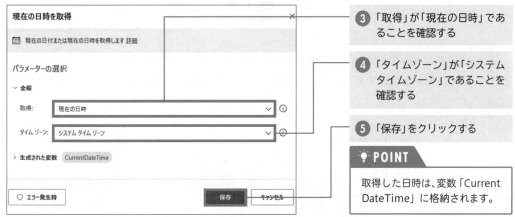

③ 「取得」が「現在の日時」であることを確認する

④ 「タイムゾーン」が「システムタイムゾーン」であることを確認する

⑤ 「保存」をクリックする

POINT

取得した日時は、変数「CurrentDateTime」に格納されます。

❯ フォルダーを繰り返し作成する

フォルダーを作成するには、「フォルダー」アクショングループの「フォルダーの作成」アクションを使用します。ただし、このアクションのみでは複数のフォルダーを作成できません。そこで、「ループ」アクショングループの「Loop」アクションを使って、3回繰り返して処理するようにします。

① 「ループ」アクショングループの「Loop」アクションをフロー最下部にドラッグして追加する

「Loop」アクションの設定画面では、繰り返しの回数を指定します。「開始値」から「終了」までの数を繰り返すことになるため、3回繰り返すには、「開始値」を「1」に、「終了」を「3」にします。繰り返しのたびにカウントする数を指定する「増分」は「1」にします。

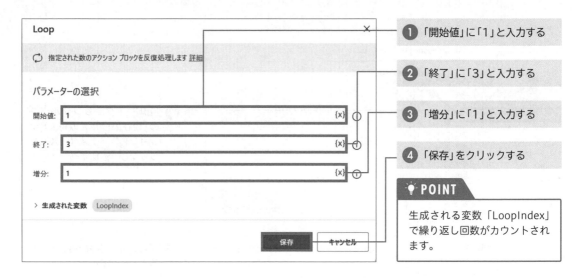

1 「開始値」に「1」と入力する

2 「終了」に「3」と入力する

3 「増分」に「1」と入力する

4 「保存」をクリックする

💡 POINT

生成される変数「LoopIndex」で繰り返し回数がカウントされます。

「Loop」アクションの「Loop」と「End」の間にあるアクションは、3回繰り返されることになります。そこで、フォルダーを作成する「フォルダーの作成」アクションを、「Loop」と「End」の間に追加します。

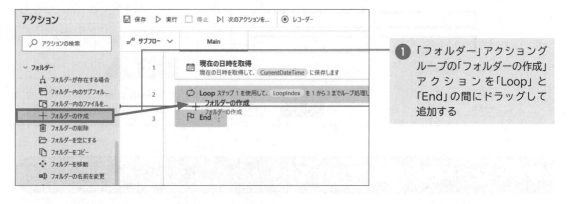

1 「フォルダー」アクショングループの「フォルダーの作成」アクションを「Loop」と「End」の間にドラッグして追加する

「フォルダーの作成」アクションの設定画面では、まず「新しいフォルダーを次の場所に作成」でフォルダーの作成場所を指定します。今回は、「work」フォルダーを指定しましょう。

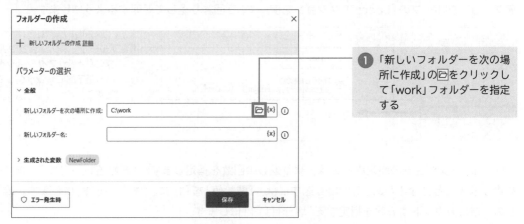

1 「新しいフォルダーを次の場所に作成」の🗁をクリックして「work」フォルダーを指定する

「新しいフォルダー名」でフォルダー名を指定します。今回は「作成年月_連番」となるようにしたいため、「現在の日時を取得」アクションで取得した日時のうち、まず年月を指定します。日時は変数「CurrentDateTime」に格納されていますが、P.63で解説したプロパティを使用して、年のプロパティ「.Year」と、月のプロパティ「.Month」だけ指定します。

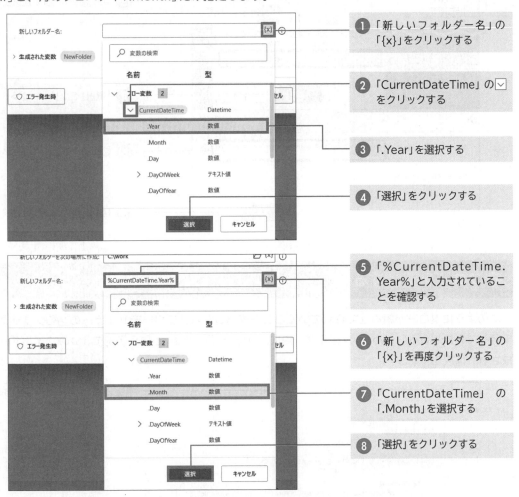

① 「新しいフォルダー名」の「{x}」をクリックする

② 「CurrentDateTime」の☑をクリックする

③ 「.Year」を選択する

④ 「選択」をクリックする

⑤ 「%CurrentDateTime.Year%」と入力されていることを確認する

⑥ 「新しいフォルダー名」の「{x}」を再度クリックする

⑦ 「CurrentDateTime」の「.Month」を選択する

⑧ 「選択」をクリックする

これで「%CurrentDateTime.Year%%CurrentDateTime.Month%」と入力されるはずです。その後に続けて、「作成年月_連番」の「_」を直接入力します。さらにその後に続けて、繰り返し回数が格納される変数「LoopIndex」を指定し、連番が付くようにします。

① 「新しいフォルダー名」の最後に「_」を入力する

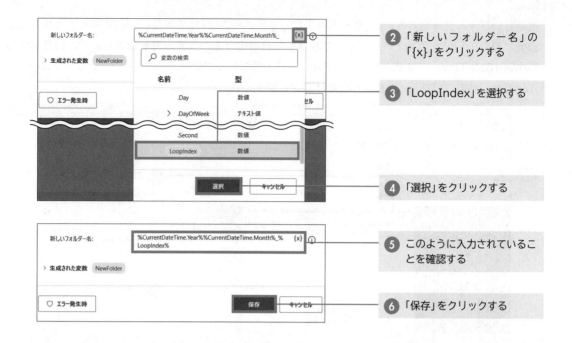

② 「新しいフォルダー名」の「{x}」をクリックする

③ 「LoopIndex」を選択する

④ 「選択」をクリックする

⑤ このように入力されていることを確認する

⑥ 「保存」をクリックする

❯ フローを確認する

次のようにフローが組み立てられていることを確認したら、フローデザイナーの▷をクリックして実行してみましょう。「work」フォルダー内に、「作成年月_連番」という名前で3つのフォルダーが作成されれば成功です。

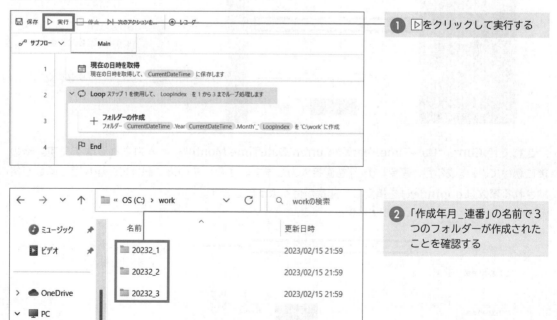

① ▷をクリックして実行する

② 「作成年月_連番」の名前で3つのフォルダーが作成されたことを確認する

CHAPTER 4 ファイルやフォルダーを操作しよう

5
.....

PDFを
操作しよう

続いて、PDFを操作するフローにチャレンジ
してみましょう。Power Automateには
PDFを操作するためのアクションが豊富にあ
り、PDFの結合や画像の抽出といった基本
操作のほか、一部テキストの抽出などの高度
な操作も可能です。

25 複数のPDFを結合する

内容が関連する複数のPDFファイルを、1つのPDFファイルにまとめたいこともあるでしょう。そのようなときのために、PDFファイルを結合するアクションが用意されています。これを使って、3つのPDFファイルを結合するフローを作成してみます。

> **このSECTIONでやること**

あらかじめ「Cドライブ」に「work」フォルダーを用意し、各1ページのPDFファイルを3つ（ここでは「資料1.pdf」「資料2.pdf」「資料3.pdf」）入れておきます。そのうえで、「work」フォルダー内のPDFファイルを結合し、1つのPDFファイルにするフローを作成しましょう。

資料1.pdf　　　　　　　資料2.pdf　　　　　　　資料3.pdf

1つのPDFに結合する

❯ PDFファイルを取得する

まずはPDFファイルを取得するため、「フォルダー」アクショングループの「フォルダー内のファイルを取得」アクションを使用します。

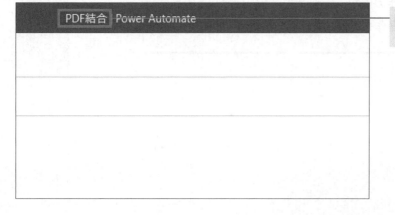

①「PDF結合」という名前でフローを新規作成する

2 「フォルダー」アクショングループの「フォルダー内のファイルを取得」アクションをワークスペースにドラッグして追加する

これまでの使用例からもわかるように、「フォルダー内のファイルを取得」アクションが取得できるのは、PDFファイルに限りません。そこでアクションの設定画面では、PDFファイルのみ取得できるように設定しましょう。そのために使用するのは、「ファイルフィルター」のフィルタリングです。ワイルドカードの「*」を使用し、末尾が「.pdf」となるPDFファイルだけ選別できるよう、「*.pdf」と指定しましょう。「フォルダー」では、PDFファイルが入っている「work」フォルダーを指定します。

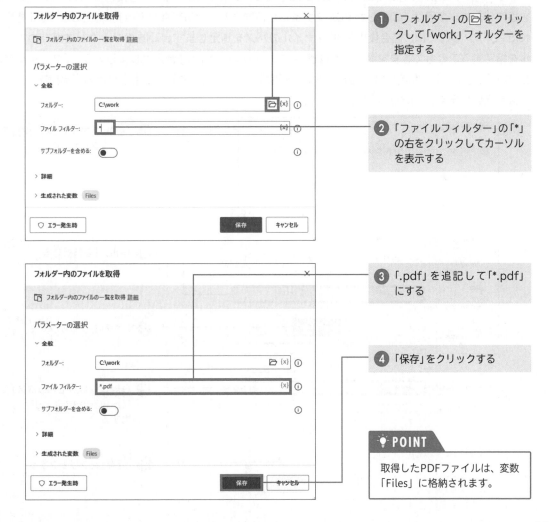

1 「フォルダー」の⊟をクリックして「work」フォルダーを指定する

2 「ファイルフィルター」の「*」の右をクリックしてカーソルを表示する

3 「.pdf」を追記して「*.pdf」にする

4 「保存」をクリックする

💡 POINT

取得したPDFファイルは、変数「Files」に格納されます。

❯ PDFファイルを結合する

PDFファイルを結合するには、「PDF」アクショングループの「PDFファイルを結合」アクションを使用します。

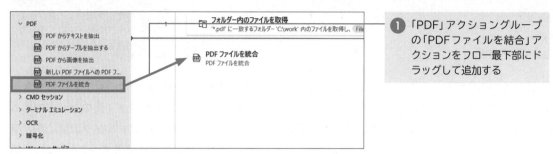

① 「PDF」アクショングループの「PDFファイルを結合」アクションをフロー最下部にドラッグして追加する

「PDFファイルを結合」アクションの設定画面では、まず「PDFファイル」で、対象のPDFファイルを指定します。今回は、取得したPDFファイルが格納されている変数「Files」を指定します。「結合されたPDFのパス」では、結合後のPDFファイルのパスを指定します。📄をクリックして既存のファイルを指定することもできますが、今回は直接「C:\work\結合.pdf」と入力しましょう。「ファイルが存在する場合」では「上書き」や「上書きしない」も選択できますが、今回は連番を付ける「連番のサフィックスを追加します」のままにします。

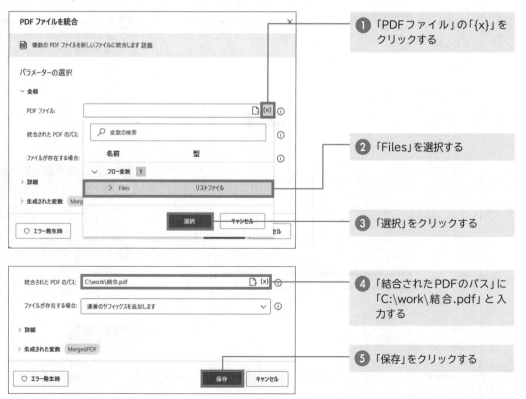

① 「PDFファイル」の「{x}」をクリックする

② 「Files」を選択する

③ 「選択」をクリックする

④ 「結合されたPDFのパス」に「C:\work\結合.pdf」と入力する

⑤ 「保存」をクリックする

● フローを確認する

これでフローが完成しました。次のようにフローが組み立てられていることを確認したら、フローデザイナーの▷をクリックして実行してみましょう。「work」フォルダー内に、3つのPDFファイルが結合された「結合.pdf」が作成されれば成功です。

❶ ▷をクリックして実行する

❷ 「結合」をダブルクリックする

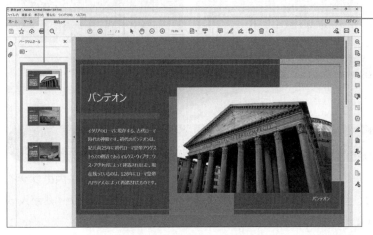

❸ 3つのPDFファイルの中身が結合されていることを確認する

> 💡 POINT
>
> この画面は「Adobe Acrobat Reader」のものです。PDFツールによって画面は異なります。

26 複数のPDFから画像を抽出する

PDFファイル内の画像を手動で1つずつ取り出すのは大変です。そこで、複数のPDFファイルから画像をまとめて抽出するフローを作成してみましょう。ここでは「For each」アクションを使用して、画像抽出の繰り返し処理を実現します。

このSECTIONでやること

あらかじめ「Cドライブ」に「work」フォルダーを用意し、画像を含んだPDFファイルを3つ（ここでは「資料1.pdf」「資料2.pdf」「資料3.pdf」）入れておきます。そのうえで、「work」フォルダー内のそれぞれのPDFファイルから、画像を抽出するフローを作成しましょう。

それぞれのPDFファイルから画像を抽出する

❯ PDFファイルを取得する

まずはPDFファイルを取得するため、「フォルダー」アクショングループの「フォルダー内のファイルを取得」アクションを使用します。設定内容はP.107と同様で、「フォルダー」でPDFファイルが入っている「work」フォルダーを指定し、「ファイルフィルター」で「*.pdf」を指定しましょう。

CHAPTER 5 PDFを操作しよう

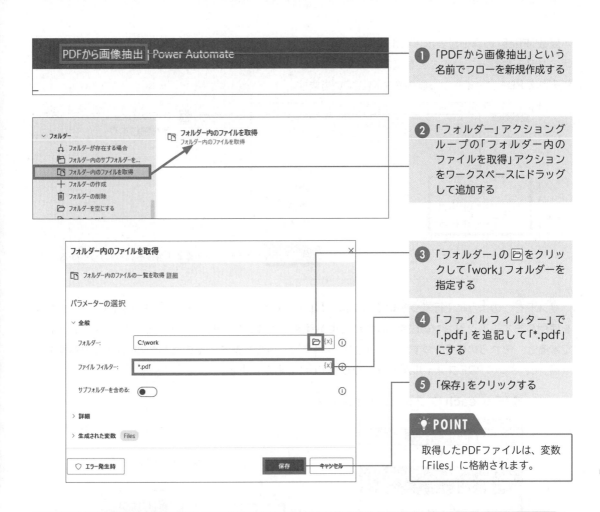

① 「PDFから画像抽出」という名前でフローを新規作成する

② 「フォルダー」アクショングループの「フォルダー内のファイルを取得」アクションをワークスペースにドラッグして追加する

③ 「フォルダー」の 📂 をクリックして「work」フォルダーを指定する

④ 「ファイルフィルター」で「.pdf」を追記して「*.pdf」にする

⑤ 「保存」をクリックする

💡 POINT

取得したPDFファイルは、変数「Files」に格納されます。

❯ それぞれのPDFファイルを繰り返し処理する

この段階で、フローデザイナーの ▷ をクリックしてフローを実行してみましょう。そして、変数ペインの「フロー変数」で変数「Files」をダブルクリックし、取得したPDFファイルの内容を確認してみましょう。

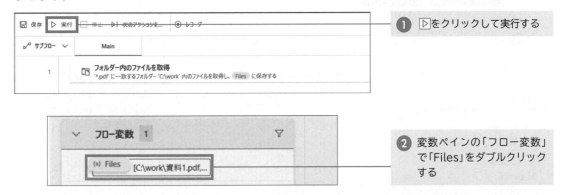

① ▷ をクリックして実行する

② 変数ペインの「フロー変数」で「Files」をダブルクリックする

変数「Files」の詳細が表示されますが、取得した3つのPDFファイルがそれぞれ1行ずつ入った、3行のリストになっていることを確認してください。この3行のリストを1行ずつ処理することで、それぞれのPDFファイルから画像を抽出していきます。

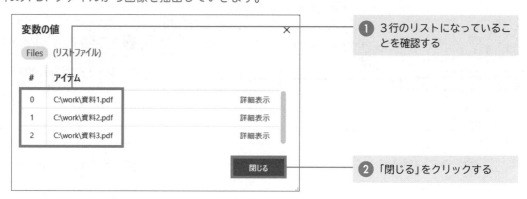

❶ 3行のリストになっていることを確認する

❷ 「閉じる」をクリックする

リストをこのように1行ずつ処理するには、「ループ」アクショングループの「For each」アクションを使用します。アクションの設定画面の「反復処理を行う値」で、複数の値が含まれたリストなどを指定すると、それらの値を1つずつ、値の数だけ繰り返し処理します。そのため今回は、「反復処理を行う値」で、3つのPDFファイルが入った変数「Files」を指定します。

●「For each」アクションのイメージ

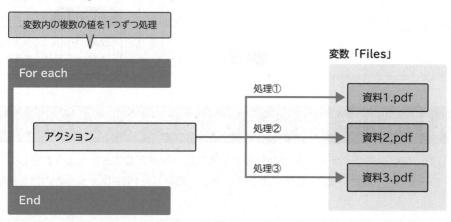

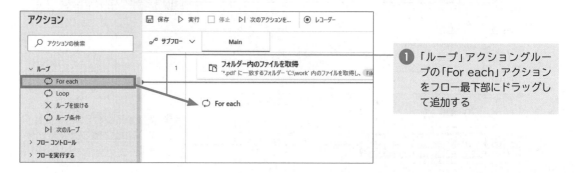

❶ 「ループ」アクショングループの「For each」アクションをフロー最下部にドラッグして追加する

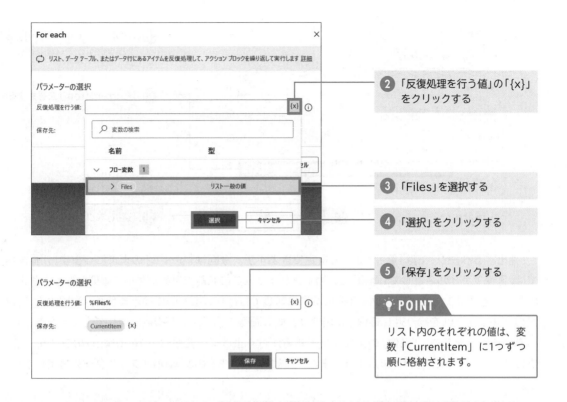

② 「反復処理を行う値」の「{x}」をクリックする

③ 「Files」を選択する

④ 「選択」をクリックする

⑤ 「保存」をクリックする

💡 POINT

リスト内のそれぞれの値は、変数「CurrentItem」に1つずつ順に格納されます。

❯ PDFファイルから画像を抽出する

PDFファイルから画像を抽出するには、「PDF」アクショングループの「PDFから画像を抽出」アクションを使用します。このアクションを、「For each」アクションの「For each」と「End」の間に追加して、繰り返し処理するようにします。

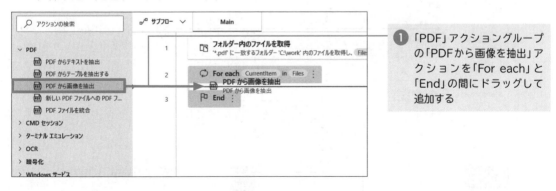

① 「PDF」アクショングループの「PDFから画像を抽出」アクションを「For each」と「End」の間にドラッグして追加する

「PDFから画像を抽出」アクションの設定画面では、まず「PDFファイル」で処理対象のPDFファイルを指定します。変数「Files」にPDFファイルのリストが入っており、それぞれの値は「For each」アクションによって変数「CurrentItem」に1つずつ順に格納されるため、変数「CurrentItem」を指定しましょう。

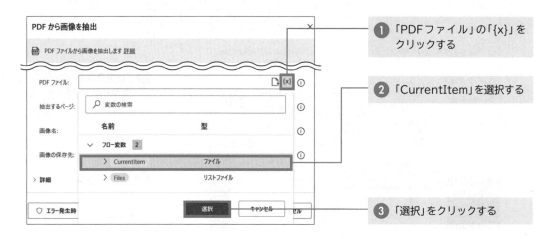

「①「PDFファイル」の「{x}」を
クリックする

②「CurrentItem」を選択する

③「選択」をクリックする

　「抽出するページ」では「範囲」なども指定できますが、今回は「すべて」のままにします。「画像名」
では、画像ファイル名として「画像」と入力しましょう。この名前に連番が付いて画像が保存されます。
ただし、連番は1つのPDFファイル内の画像に対して付けられるものに過ぎません。今回のように複
数のPDFファイルを繰り返し処理した場合は、同じ画像ファイル名が複数出現して上書き保存されて
しまいます。そこで、「画像」の後にファイル名が付くように、変数「CurrentItem」のファイル名の
プロパティ「.Name」を付けましょう。また、「画像の保存先」では「work」フォルダーを指定しましょ
う。

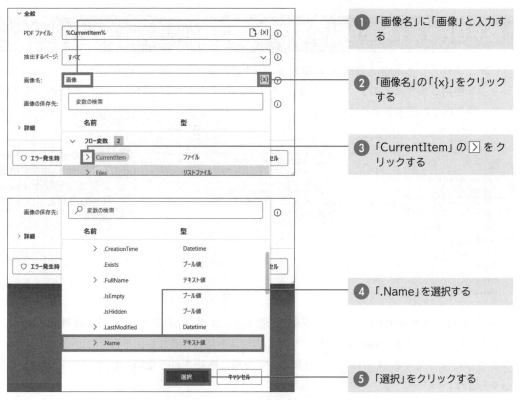

①「画像名」に「画像」と入力す
る

②「画像名」の「{x}」をクリック
する

③「CurrentItem」の ⊳ をク
リックする

④「.Name」を選択する

⑤「選択」をクリックする

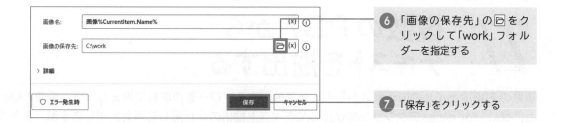

6 「画像の保存先」の 🗁 をクリックして「work」フォルダーを指定する

7 「保存」をクリックする

❯ フローを確認する

　これでフローが完成しました。次のようにフローが組み立てられていることを確認したら、フローデザイナーの ▷ をクリックして実行してみましょう。「work」フォルダー内の3つのPDFファイルから、それぞれ画像が抽出されれば成功です。

1 ▷ をクリックして実行する

2 「work」フォルダー内の3つのPDFファイルから、それぞれ画像が抽出されていることを確認する

27 複数のPDFから テキストを抽出する

複数のPDFファイル内のテキストをまとめて抽出するフローを作成してみましょう。画像の抽出と同様に「For each」アクションを使用してテキスト抽出の繰り返し処理を実現しますが、テキストをファイルに書き込むアクションが加わります。

このSECTIONでやること

あらかじめ「Cドライブ」に任意のフォルダー（ここでは「work」フォルダー）を用意し、テキストを含んだPDFファイルを3つ（ここでは「資料1.pdf」「資料2.pdf」「資料3.pdf」）入れておきます。そのうえで、任意のフォルダー内のそれぞれのPDFファイルからテキストを抽出して、テキストファイルにまとめるフローを作成しましょう。

資料1.pdf

資料2.pdf

資料3.pdf

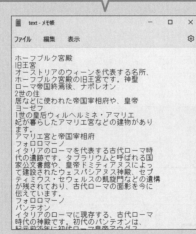

各PDFファイルから
テキストを抽出して
テキストファイルに
まとめる

❯ 任意のフォルダーを選択する

今回はダイアログで任意のフォルダーを選択できるようにするため、「メッセージボックス」アクショングループの「フォルダーの選択ダイアログを表示」アクションを使用します。

CHAPTER

5

PDFを操作しよう

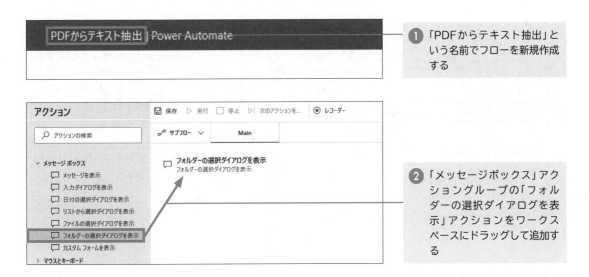

① 「PDFからテキスト抽出」という名前でフローを新規作成する

② 「メッセージボックス」アクショングループの「フォルダーの選択ダイアログを表示」アクションをワークスペースにドラッグして追加する

「フォルダーの選択ダイアログを表示」アクションの設定画面では、「ダイアログの説明」に任意の説明文を入力し、「初期フォルダー」で最初に開かれるフォルダーを指定します。今回は、「ダイアログの説明」に「フォルダーの選択」と入力し、「初期フォルダー」に「Cドライブ」を指定しましょう。

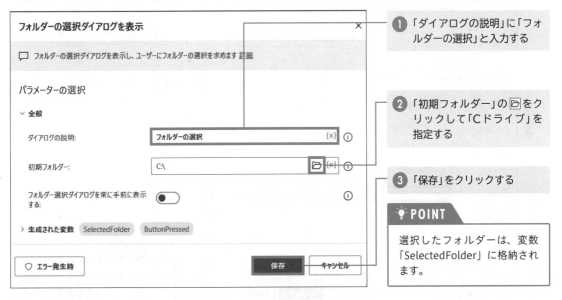

① 「ダイアログの説明」に「フォルダーの選択」と入力する

② 「初期フォルダー」の🗁をクリックして「Cドライブ」を指定する

③ 「保存」をクリックする

💡 POINT

選択したフォルダーは、変数「SelectedFolder」に格納されます。

● フォルダーからPDFファイルを取得する

選択したフォルダーからPDFファイルを取得するため、「フォルダー」アクショングループの「フォルダー内のファイルを取得」アクションを使用します。設定画面では、「フォルダー」で、選択したフォルダーが格納されている変数「SelectedFolder」を指定し、「ファイルフィルター」で、PDFファイルだけ取得できるよう「*.pdf」を指定しましょう。

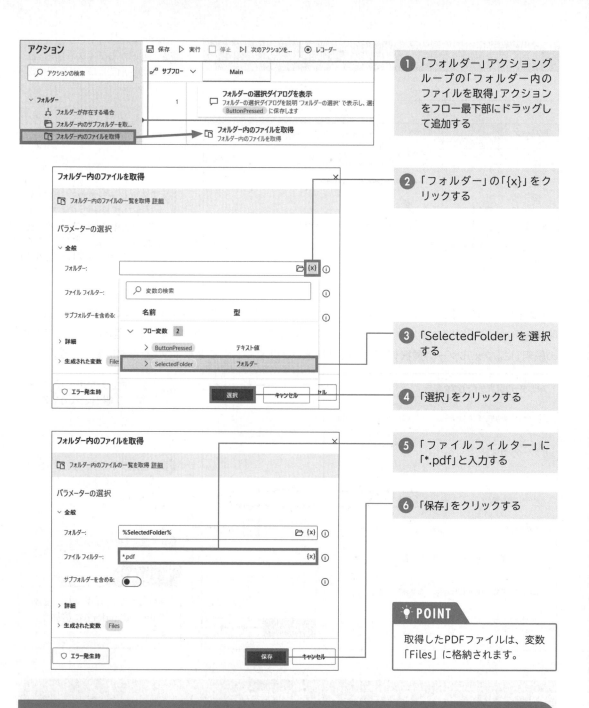

① 「フォルダー」アクショングループの「フォルダー内のファイルを取得」アクションをフロー最下部にドラッグして追加する

② 「フォルダー」の「{x}」をクリックする

③ 「SelectedFolder」を選択する

④ 「選択」をクリックする

⑤ 「ファイルフィルター」に「*.pdf」と入力する

⑥ 「保存」をクリックする

💡 POINT

取得したPDFファイルは、変数「Files」に格納されます。

❯ それぞれのPDFファイルを繰り返し処理する

　今回も、取得した複数のPDFファイルはリストとして変数「Files」に格納されます。このリストを1行ずつ繰り返し処理するため、「ループ」アクショングループの「For each」アクションを使用します。アクションの設定画面の「反復処理を行う値」で、PDFファイルが入った変数「Files」を指定しましょう。

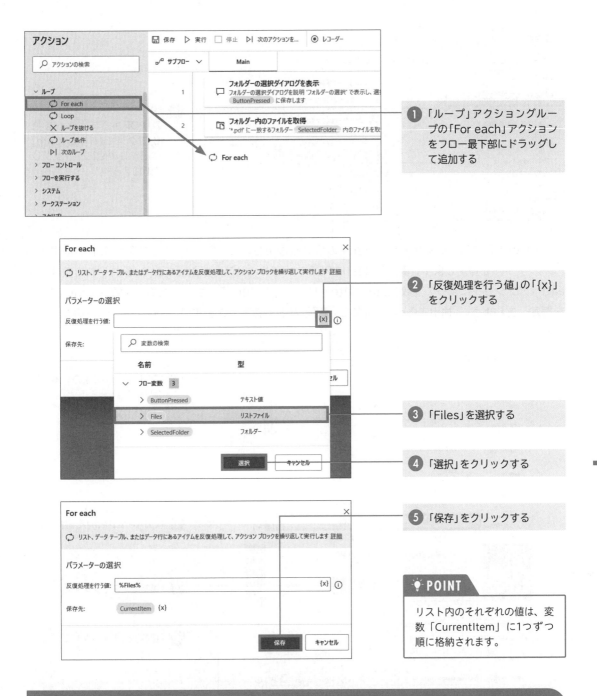

① 「ループ」アクショングループの「For each」アクションをフロー最下部にドラッグして追加する

② 「反復処理を行う値」の「{x}」をクリックする

③ 「Files」を選択する

④ 「選択」をクリックする

⑤ 「保存」をクリックする

POINT

リスト内のそれぞれの値は、変数「CurrentItem」に1つずつ順に格納されます。

❯ PDFファイルからテキストを抽出する

　次に、PDFファイルからテキストを抽出するため、「PDF」アクショングループの「PDFからテキストを抽出」アクションを追加します。このアクションを、「For each」アクションの「For each」と「End」の間に追加して、繰り返し処理するようにします。

①「PDF」アクショングループの「PDFからテキストを抽出」アクションを「For each」と「End」の間にドラッグして追加する

「PDFからテキストを抽出」アクションの設定画面では、「PDFファイル」でテキストを抽出するPDFファイルを指定します。変数「Files」にPDFファイルのリストが入っており、それぞれの値は「For each」アクションによって変数「CurrentItem」に1つずつ順に格納されるため、変数「CurrentItem」を指定しましょう。「抽出するページ」では「範囲」なども指定できますが、今回は「すべて」のままにします。

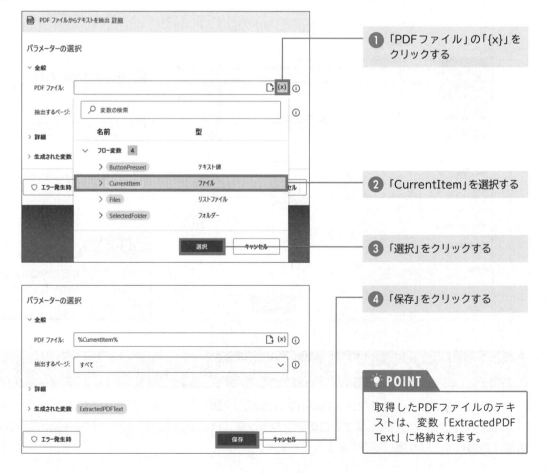

①「PDFファイル」の「{x}」をクリックする

②「CurrentItem」を選択する

③「選択」をクリックする

④「保存」をクリックする

POINT

取得したPDFファイルのテキストは、変数「ExtractedPDFText」に格納されます。

❷ テキストをファイルに書き込む

PDFファイルから抽出したテキストをテキストファイルに書き込むには、「ファイル」アクショングループの「テキストをファイルに書き込む」アクションを使用します。このアクションも、PDFファイルごとに繰り返し実行する必要があるため、「For each」アクションの「For each」と「End」の間に追加して、繰り返し処理するようにします。このとき、「PDFからテキストを抽出」アクションの下に追加することに注意しましょう。

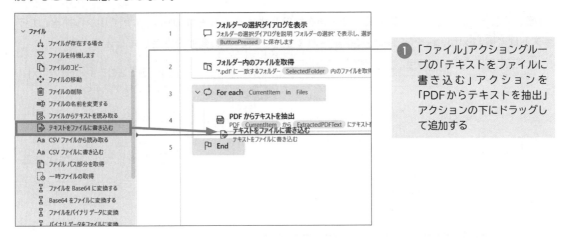

① 「ファイル」アクショングループの「テキストをファイルに書き込む」アクションを「PDFからテキストを抽出」アクションの下にドラッグして追加する

「テキストをファイルに書き込む」アクションの設定画面では、まず「ファイルパス」で、抽出したテキストをまとめるテキストファイルのパスを指定します。対象となるテキストファイルはまだ存在しないため、P.116のダイアログで選択したフォルダーに「text.txt」というファイルを作成するようにしましょう。ダイアログで選択したフォルダーは変数「SelectedFolder」に格納されるため、この変数「SelectedFolder」のフルパスのプロパティ「.FullName」を指定し、さらにその後に「\text.txt」を続けて入力します。

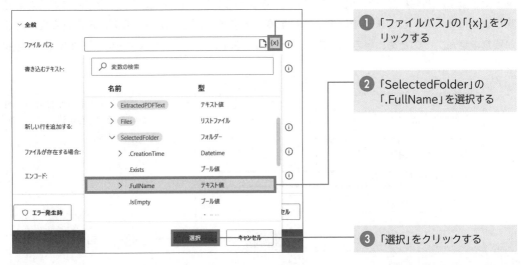

① 「ファイルパス」の「{x}」をクリックする

② 「SelectedFolder」の「.FullName」を選択する

③ 「選択」をクリックする

「書き込むテキスト」では、テキストの内容を指定します。それぞれのPDFファイルから抽出したテキストは変数「ExtractedPDFText」に格納されているので、この変数を指定しましょう。

① 「書き込むテキスト」の「{x}」をクリックする

② 「ExtractedPDFText」を選択する

③ 「選択」をクリックする

「ファイルが存在する場合」では、テキストを書き込むファイルがすでに存在する場合の処理方法を選択できます。初期状態では「既存の内容を上書きする」になっていますが、今回は複数の書き込みを繰り返し行うため、このままではテキストが順に上書きされてしまい、最後に書き込んだテキストしか残りません。そのため、書き込みごとにテキストを下に追記していく「内容を追加する」を選択しましょう。

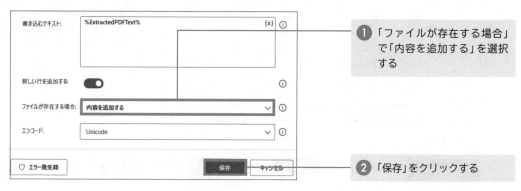

① 「ファイルが存在する場合」で「内容を追加する」を選択する

② 「保存」をクリックする

❖ フローを確認する

　これでフローが完成しました。次のようにフローが組み立てられていることを確認したら、フローデザイナーの ▷ をクリックして実行してみましょう。ダイアログで選択したフォルダー内のそれぞれのPDFファイルからテキストが抽出され、「text.txt」に書き込まれれば成功です。

① ▷をクリックして実行する

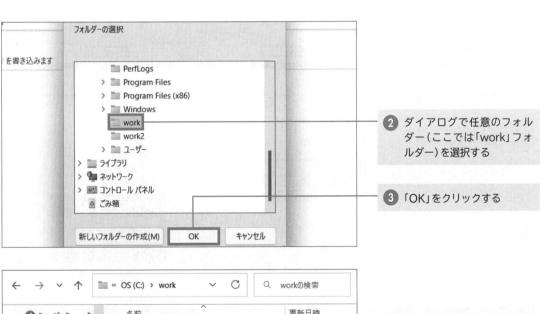

② ダイアログで任意のフォルダー（ここでは「work」フォルダー）を選択する

③ 「OK」をクリックする

④ ダイアログで選択したフォルダーに、PDFファイルから抽出したテキストがまとめられた「text.txt」があることを確認する

123

28 複数のPDFからリストで 特定のテキストを抽出する

今度は、複数のPDFファイル内の特定の行のテキストだけを抽出して、テキストファイルにまとめましょう。例えば、請求書の金額部分の行だけをまとめたい場合などに重宝します。リストを活用すると、特定の行のテキストだけを抽出できます。

このSECTIONでやること

あらかじめ「Cドライブ」に任意のフォルダー（ここでは「work」フォルダー）を用意し、フォーマットが同じ請求書のPDFファイル「請求書1.pdf」「請求書2.pdf」「請求書3.pdf」を入れておきます。そのうえで、3つの請求書の中にある請求金額部分「¥○○○（税込）」の行のテキストだけリストで抽出して、テキストファイルにまとめるフローを作成しましょう。

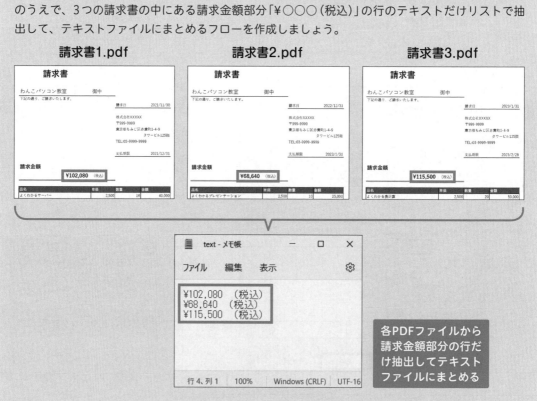

◉ テキスト抽出までのフローを作成する

SECTION 27では、複数のPDFファイルからテキストをすべて抽出して、テキストファイルにまとめるフローを作成しました。今回もテキスト抽出までのフローは同じです。そこで、P.116〜120と同じ手順で、「PDFからテキストを抽出」アクションまでのフローを作成しましょう。

CHAPTER 5 PDFを操作しよう

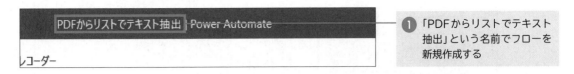

❶ 「PDFからリストでテキスト抽出」という名前でフローを新規作成する

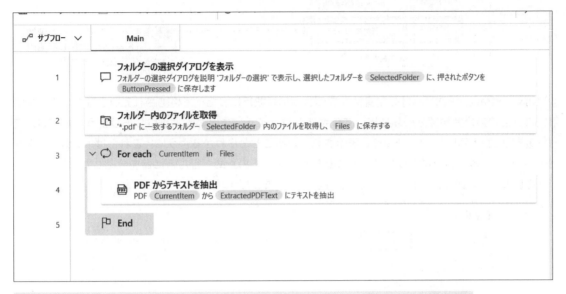

❷ P.116〜120と同じ手順で、「PDFからテキストを抽出」アクションまでのフローを作成する

❯ テキストの抽出状況を確認する

この時点でのテキストの抽出状況を確認するため、一度試しにフローを実行して、PDFファイルから抽出されたテキストが格納されている変数「ExtractedPDFText」の中身を見てみましょう。

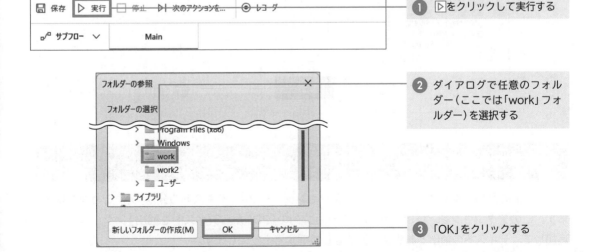

❶ ▷をクリックして実行する

❷ ダイアログで任意のフォルダー（ここでは「work」フォルダー）を選択する

❸ 「OK」をクリックする

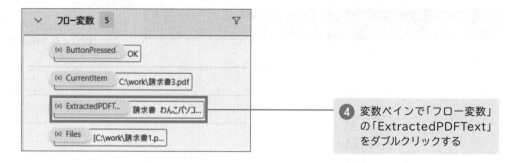

④ 変数ペインで「フロー変数」の「ExtractedPDFText」をダブルクリックする

変数「ExtractedPDFText」の中身は、次のように複数行にわたって格納されているはずです。今回は12行目の請求金額部分のみ抽出してテキストファイルにまとめるようにしましょう。ただし、変数の詳細画面上部に「テキスト値」と表示されていることからわかるように、これらは1つのテキスト値であって、複数の値が入ったリストでありません。そのため、行ごとに値を分割したリストにし、12行目の請求金額部分の値だけを抽出するようにしましょう。

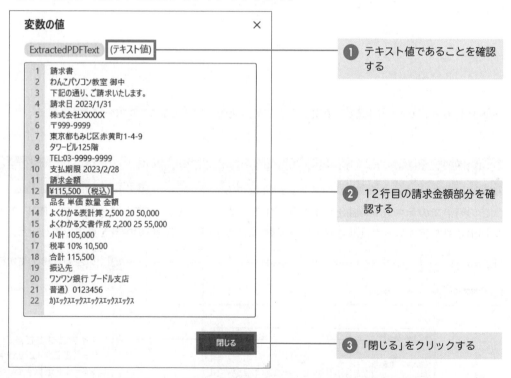

① テキスト値であることを確認する

② 12行目の請求金額部分を確認する

③ 「閉じる」をクリックする

❯ テキストを分割する

テキストを分割するには、「テキスト」アクショングループの「テキストの分割」アクションを使用します。このアクションを、「For each」アクション内の「PDFからテキストを抽出」アクションの下に追加して、テキストの抽出とあわせて繰り返し処理するようにします。

①「テキスト」アクショングループの「テキストの分割」アクションを「PDFからテキストを抽出」アクションの下にドラッグして追加する

アクションの設定画面では、まず「分割するテキスト」で、テキストが格納されている変数「ExtractedPDFText」を指定します。「区切り記号の種類」は「標準」のままにします。「標準の区切り記号」で分割の区切りとなる記号を指定しますが、今回は行ごとに区切るため「新しい行」にします。「回数」は区切り記号の使用回数を指定するもので、「1」のままにします。

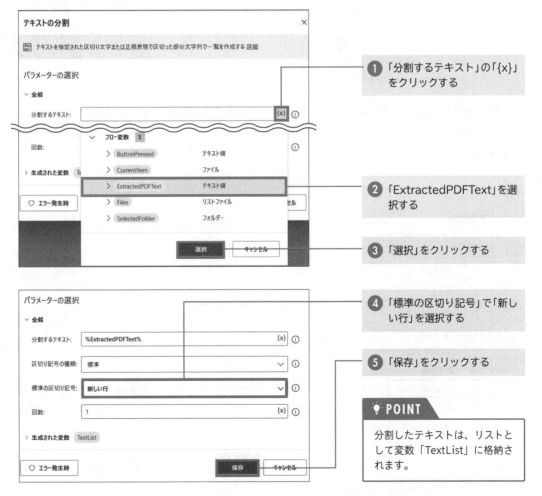

①「分割するテキスト」の「{x}」をクリックする

②「ExtractedPDFText」を選択する

③「選択」をクリックする

④「標準の区切り記号」で「新しい行」を選択する

⑤「保存」をクリックする

💡 POINT

分割したテキストは、リストとして変数「TextList」に格納されます。

❯ テキストの分割状況を確認する

　ここで、テキストの分割状況を確認するため、もう一度試しにフローを実行して、分割したテキストがリストとして格納されている変数「TextList」の中身を見てみましょう。

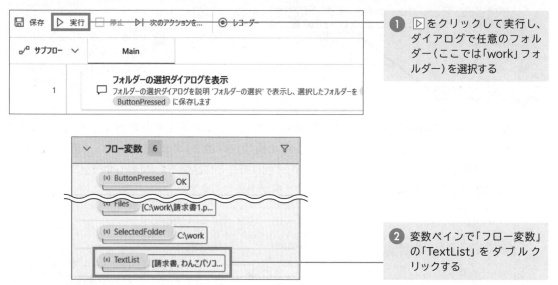

① ▷をクリックして実行し、ダイアログで任意のフォルダー（ここでは「work」フォルダー）を選択する

② 変数ペインで「フロー変数」の「TextList」をダブルクリックする

　変数「TextList」の中身は、次のように複数行のリストとして格納されているはずです。このとき、リストの行番号が「0」から始まっていることに注意してください。P.126で確認した変数「Extracted PDFText」のテキスト値は、行番号が「1」から始まっており、請求金額部分は12行目でした。しかし、この変数「TextList」のリストでは、請求金額部分は11行目です。この11行目の値を、テキストファイルに書き込むようにしていきます。

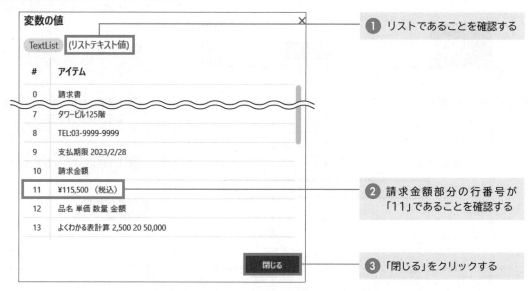

① リストであることを確認する

② 請求金額部分の行番号が「11」であることを確認する

③ 「閉じる」をクリックする

◯ テキストをファイルに書き込む

テキストをテキストファイルに書き込むため、「ファイル」アクショングループの「テキストをファイルに書き込む」アクションを追加します。このアクションも、「For each」アクション内の「テキストの分割」アクションの下に追加して繰り返し処理します。

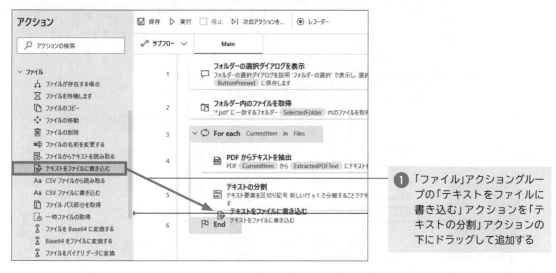

❶ 「ファイル」アクショングループの「テキストをファイルに書き込む」アクションを「テキストの分割」アクションの下にドラッグして追加する

アクションの設定画面では、まず「ファイルパス」でファイルパスを指定します。P.121と同様に、ダイアログで選択したフォルダーに「text.txt」というファイルを作成するようにしましょう。ダイアログで選択したフォルダーが格納される変数「SelectedFolder」のフルパスのプロパティ「.FullName」を指定し、さらにその後に「\text.txt」を続けて入力します。

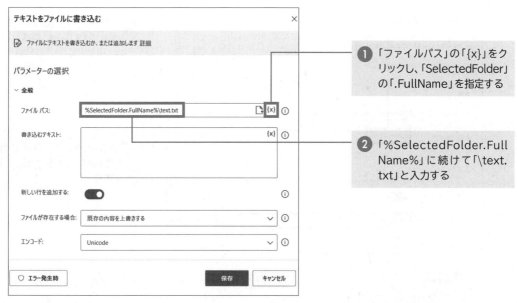

❶ 「ファイルパス」の「{x}」をクリックし、「SelectedFolder」の「.FullName」を指定する

❷ 「%SelectedFolder.FullName%」に続けて「\text.txt」と入力する

CHAPTER
5
PDFを操作しよう

「書き込むテキスト」では、書き込む内容を指定します。今回は、テキストがリストとして格納されている変数「TextList」から、11行目の請求金額部分を指定します。リスト内の特定の行の値を抜き出す場合は、「%変数名[行番号]%」と指定するため、ここでは「%TextList[11]%」と入力します。次のように、まず「%TextList%」を選択してから、「[11]」を追記して「%TextList[11]%」にしましょう。また、「ファイルが存在する場合」では「内容を追加する」を選択しましょう。

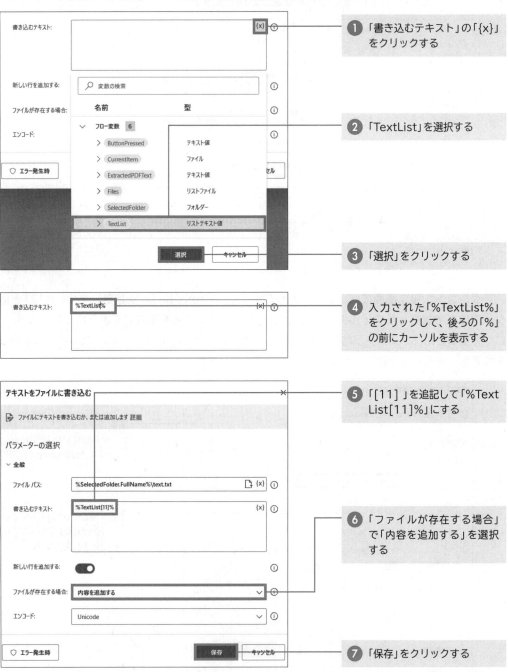

① 「書き込むテキスト」の「{x}」をクリックする

② 「TextList」を選択する

③ 「選択」をクリックする

④ 入力された「%TextList%」をクリックして、後ろの「%」の前にカーソルを表示する

⑤ 「[11]」を追記して「%TextList[11]%」にする

⑥ 「ファイルが存在する場合」で「内容を追加する」を選択する

⑦ 「保存」をクリックする

❷ フローを確認する

これでフローが完成しました。次のようにフローが組み立てられていることを確認したら、フローデザイナーの▷をクリックして実行してみましょう。ダイアログで選択したフォルダー内のPDFファイルから請求金額部分の行のテキストが抽出され、「text.txt」に書き込まれれば成功です。

① ▷をクリックして実行する

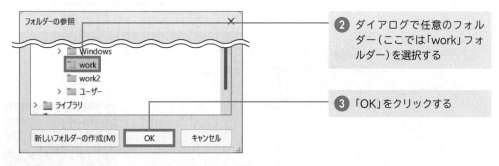

② ダイアログで任意のフォルダー（ここでは「work」フォルダー）を選択する

③ 「OK」をクリックする

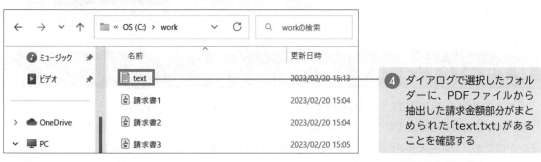

④ ダイアログで選択したフォルダーに、PDFファイルから抽出した請求金額部分がまとめられた「text.txt」があることを確認する

29 複数のPDFからトリミングで特定のテキストを抽出する

SECTION 28では、複数のPDFファイル内の特定の行をリストで抽出しましたが、行単位よりも細かくテキストを抽出したい場合もあるでしょう。そこで、特定の行内の一部をトリミングしてテキストファイルにまとめるようにフローを改変しましょう。

このSECTIONでやること

あらかじめ「Cドライブ」に任意のフォルダー（ここでは「work」フォルダー）を用意し、フォーマットが同じ請求書のPDFファイル「請求書1.pdf」「請求書2.pdf」「請求書3.pdf」を入れておきます。そのうえで、3つの請求書の中にある請求金額部分「¥○○○（税込）」のうち数字部分「○○○」だけトリミングで抽出して、テキストファイルにまとめるフローを作成しましょう。

請求書1.pdf

請求書2.pdf

請求書3.pdf

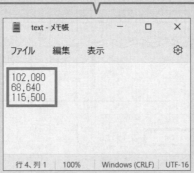

各PDFファイルから請求金額の数字部分だけ抽出してテキストファイルにまとめる

▶ テキストをトリミングするようフローを改変する

テキスト抽出までのフローはSECTION 27、28と同じです。そこで、P.116～120と同じ手順で、「PDFからテキストを抽出」アクションまでのフローを作成しましょう。そのうえで、テキストのトリミングのため、「テキスト」アクショングループの「テキストのトリミング」アクションを追加します。

① 「PDFからトリミングでテキスト抽出」という名前でフローを新規作成し、P.116〜120と同じ手順で、「PDFからテキストを抽出」アクションまでのフローを作成する

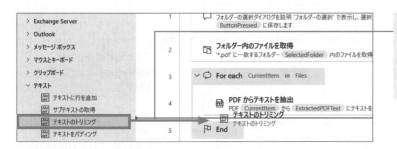

② 「テキスト」アクショングループの「テキストのトリミング」アクションを「PDFからテキストを抽出」アクションの下にドラッグして追加する

設定画面では、「元のテキスト」で、テキストが格納されている変数「ExtractedPDFText」を指定します。「モード」では「指定された2つのフラグの間にあるテキストを取得する」を選択し、「開始フラグ」と「終了フラグ」を指定します。今回は、請求金額部分「¥○○○（税込）」のうち数字部分だけ取得したいため、「開始フラグ」に「¥」を、「終了フラグ」に「（税込）」を指定します。

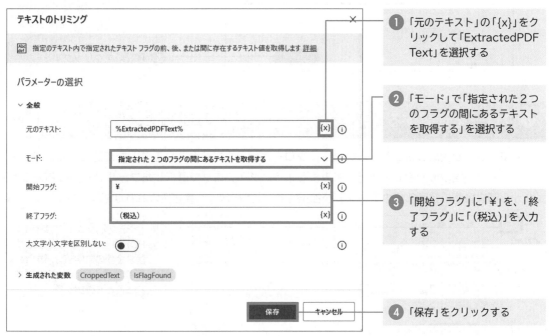

① 「元のテキスト」の「{x}」をクリックして「ExtractedPDFText」を選択する

② 「モード」で「指定された2つのフラグの間にあるテキストを取得する」を選択する

③ 「開始フラグ」に「¥」を、「終了フラグ」に「（税込）」を入力する

④ 「保存」をクリックする

トリミングされたテキストは、変数「CroppedText」に格納されるので、この変数を「テキストをファイルに書き込む」アクションでテキストファイルに書き込むようにしましょう。アクションの設定画面の「書き込むテキスト」で変数「CroppedText」を指定する以外は、P.129〜130と同様です。

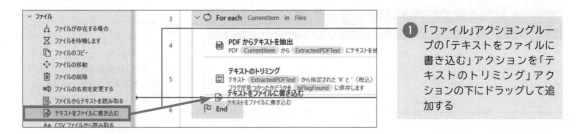

① 「ファイル」アクショングループの「テキストをファイルに書き込む」アクションを「テキストのトリミング」アクションの下にドラッグして追加する

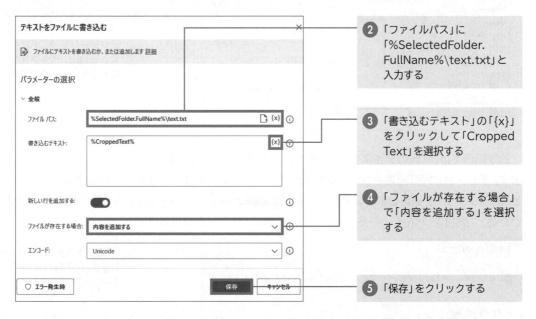

② 「ファイルパス」に「%SelectedFolder.FullName%\text.txt」と入力する

③ 「書き込むテキスト」の「{x}」をクリックして「Cropped Text」を選択する

④ 「ファイルが存在する場合」で「内容を追加する」を選択する

⑤ 「保存」をクリックする

❯ フローを確認する

これでフローが完成しました。次のようにフローが組み立てられていることを確認したら、フローデザイナーの ▷ をクリックして実行してみましょう。ダイアログで選択したフォルダー内のPDFファイルから請求金額の数字部分のテキストが抽出され、「text.txt」に書き込まれれば成功です。

① ▷ をクリックして実行し、PDFファイルから抽出した請求金額の数字部分がまとめられた「text.txt」が作成されることを確認する

6

. . . . .

Excelを
操作しよう

このCHAPTERでは、Excelファイルのデータを別のExcelファイルへ転記するフローを作ってみましょう。まずは1つのExcelファイルから転記するフローを学び、その後、複数のExcelファイルからまとめて転記するフローにも挑戦してみます。

30 Excelから別のExcelに転記する①
〜シートの選択

1つのExcelファイルのデータを別のExcelファイルへ転記するフローから作りましょう。フローが長くなるため、3つのSECTIONに分けて解説していきます。このSECTIONでは、転記元のExcelシートを選択する部分までのフローを作成します。

このSECTIONでやること

このSECTION 30からSECTION 32にかけて、2つのExcelファイルのブック間でデータを転記するフローを作っていきます。使用するExcelファイルは、ブック「Excel-A.xlsx」とブック「Excel-B.xlsx」で、いずれもあらかじめ、「Cドライブ」内の「PAD_Excel」フォルダーに入れておきましょう。

「Excel-A.xlsx」には、「売上報告書」シートや「売上一覧」シートなど複数のシートがあり、「商品価格表」シートに商品と価格の一覧が入っています。しかし、商品価格の改定があり、「商品価格表」シートのデータを更新しなければなりません。「Excel-B.xlsx」に新しい「商品価格表」シートが入っているため、「Excel-B.xlsx」の「商品価格表」シートのデータを、「Excel-A.xlsx」の「商品価格表」シートに転記するフローを作成しましょう。

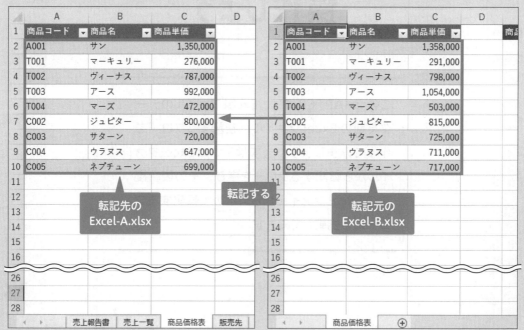

Excel-A.xlsxの「商品価格表」シート　　Excel-B.xlsxの「商品価格表」シート

転記する

転記先の Excel-A.xlsx

転記元の Excel-B.xlsx

まずこのSECTIONでは、転記先のブック「Excel-A.xlsx」を開き、その中の「商品価格表」シートを選択する部分までのフローを作成しましょう。

CHAPTER

6

Excelを操作しよう

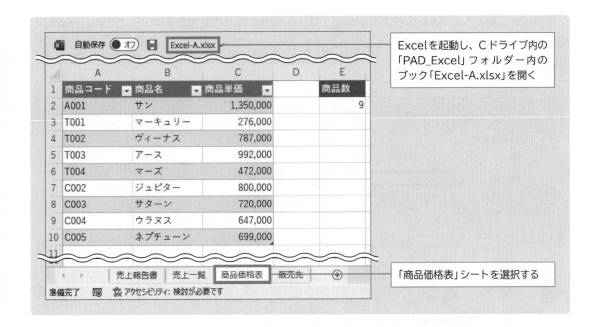

Excelを起動し、Cドライブ内の
「PAD_Excel」フォルダー内の
ブック「Excel-A.xlsx」を開く

「商品価格表」シートを選択する

● Excelを起動してブックを開く

まずは、Excelを起動してブックを開きます。そのためには、「Excel」アクショングループの「Excel
の起動」アクションを使用します。

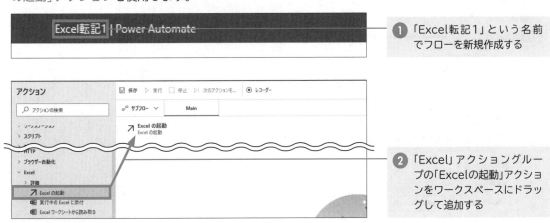

❶ 「Excel転記1」という名前
でフローを新規作成する

❷ 「Excel」アクショングルー
プの「Excelの起動」アクショ
ンをワークスペースにドラッ
グして追加する

✓ COLUMN ▶ Excelでの操作対象の指定

Excelファイルのことを「ブック」と呼び、その中に「シート」が1枚ないし複数枚入っています。Excel
の操作では、その中の「セル」を操作することになるため、Power Automateでは、ブック、シート、
セルの順番で操作対象を指定していきます。

「Excelの起動」アクションの設定画面では、ブックの開き方を指定できます。ここでは、「Excelの起動」で「次のドキュメントを開く」を選択し、「ドキュメントパス」でブック「Excel-A.xlsx」を指定して、このブックを開くようにします。

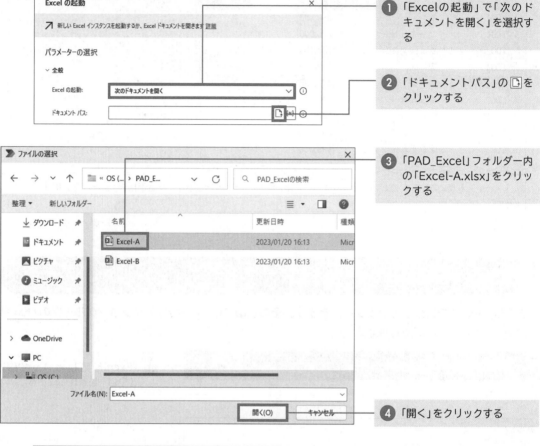

① 「Excelの起動」で「次のドキュメントを開く」を選択する

② 「ドキュメントパス」の⬚をクリックする

③ 「PAD_Excel」フォルダー内の「Excel-A.xlsx」をクリックする

④ 「開く」をクリックする

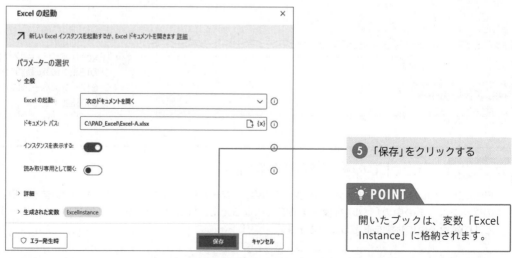

⑤ 「保存」をクリックする

> 💡 POINT
>
> 開いたブックは、変数「Excel Instance」に格納されます。

❯ 作業するシートを選択する

開いたブック内の特定のシートを選択するため、「Excel」アクショングループの「アクティブな Excel ワークシートの設定」アクションを追加します。

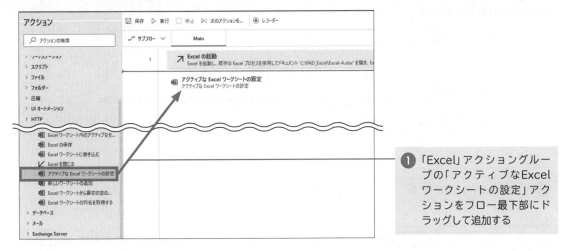

① 「Excel」アクショングループの「アクティブなExcel ワークシートの設定」アクションをフロー最下部にドラッグして追加する

アクションの設定画面の「Excel インスタンス」で、ブック「Excel-A.xlsx」が入っている変数「ExcelInstance」を指定します。今回はブック内の「商品価格表」シートを開きたいため、「次と共にワークシートをアクティブ化」を「名前」のままにし、「ワークシート名」に「商品管理表」と入力します。

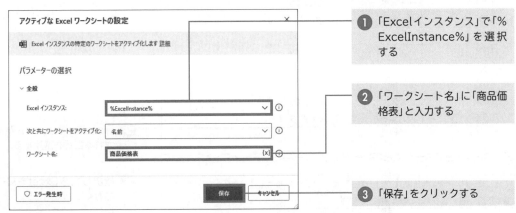

① 「Excel インスタンス」で「%ExcelInstance%」を選択する

② 「ワークシート名」に「商品価格表」と入力する

③ 「保存」をクリックする

CHAPTER

6

Excel を操作しよう

✔ COLUMN ▶ 「Excel」アクショングループの高度なアクション

アクションペインの「Excel」アクショングループの中には「Excelの起動」や「ワークシートの列名を取得する」などのアクションがありますが、「詳細」を開くと、「Excelワークシートが含む列／行のサイズを変更する」や「Excelワークシートの列における最初の空の行を取得」などといった、より高度なアクションを使用できます。

❯ フローを確認する

　これで転記先のブックとシートを開くところまでのフローができました。フローデザイナーの ▷ を
クリックして実行してみましょう。Excelが起動し、ブック「Excel-A.xlsx」が開き、「商品価格表」シー
トが表示されれば成功です。

① ▷ をクリックして実行する

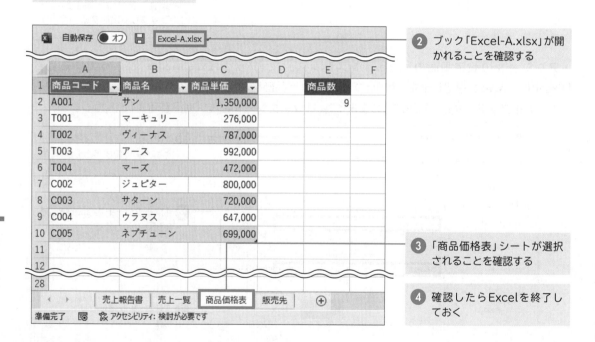

② ブック「Excel-A.xlsx」が開かれることを確認する

③ 「商品価格表」シートが選択されることを確認する

④ 確認したらExcelを終了しておく

✅ COLUMN　シートをインデックス番号で指定する

　今回は、「アクティブな Excel ワークシートの設定」アクションの設定画面で、「次と共にワークシート
をアクティブ化」を「名前」のままにしました。これを「インデックス」に変更すると、シートをインデッ
クス番号で指定することができます。シートのインデックス番号は1から始まるため、最初のシートの
インデックス番号は1、2番目のシートは2となります。

CHAPTER 6 Excelを操作しよう

31 Excelから別のExcelに転記する②
～データ行数の取得

転記する前に、転記先シート内のデータ行数を把握して、その行数分のデータを削除する必要があります。転記先の「商品価格表」シートに、Excel関数でデータ行数を表示したセルがあるため、このセルの値を取得するフローを作成します。

このSECTIONでやること

　データを転記する前に、転記先のデータを削除しておかなければなりません。そのためには転記先シート内の、削除するデータの行数を知る必要があります。転記先ブック「Excel-A.xlsx」の「商品価格表」シートでは、セルE2にデータ行数が表示されるようになっているため、セルE2の値を取得するフローを作成しましょう。

　また、データのコピー範囲を決めるには、転記元シート内の、転記するデータの行数も知る必要があります。そのため、転記元の「商品価格表」シートが入っているブック「Excel-B.xlsx」も同様に、セルE2に表示されているデータ行数を調べて、その値を取得するようにしましょう。

Excel-A.xlsxの「商品価格表」シート

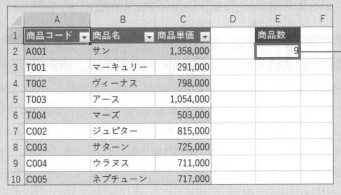

	A	B	C	D	E
1	商品コード	商品名	商品単価		商品数
2	A001	サン	1,350,000		9
3	T001	マーキュリー	276,000		
4	T002	ヴィーナス	787,000		
5	T003	アース	992,000		
6	T004	マーズ	472,000		
7	C002	ジュピター	800,000		
8	C003	サターン	720,000		
9	C004	ウラヌス	647,000		
10	C005	ネプチューン	699,000		

削除するデータ行数として、セルE2の値を取得する

Excel-B.xlsxの「商品価格表」シート

	A	B	C	D	E	F
1	商品コード	商品名	商品単価		商品数	
2	A001	サン	1,358,000		9	
3	T001	マーキュリー	291,000			
4	T002	ヴィーナス	798,000			
5	T003	アース	1,054,000			
6	T004	マーズ	503,000			
7	C002	ジュピター	815,000			
8	C003	サターン	725,000			
9	C004	ウラヌス	711,000			
10	C005	ネプチューン	717,000			

転記するデータ行数として、セルE2の値を取得する

❯ 転記元のブックを開く

　先に、転記元のブック「Excel-B.xlsx」を開くようにしましょう。SECTION 30と同じく、「Excelの起動」アクションでExcelを起動します。なお、ブック「Excel-B.xlsx」にはシートが1枚しかないため、シートを指定する必要はありません。

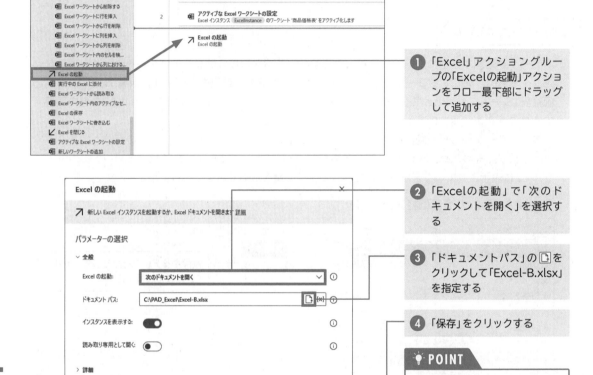

① 「Excel」アクショングループの「Excelの起動」アクションをフロー最下部にドラッグして追加する

② 「Excelの起動」で「次のドキュメントを開く」を選択する

③ 「ドキュメントパス」の 🗋 をクリックして「Excel-B.xlsx」を指定する

④ 「保存」をクリックする

💡 POINT

開いた転記元のブックは、変数「ExcelInstance2」に格納されます。

❯ 転記先のデータ行数を取得する

　次に、転記先のブック「Excel-A.xlsx」のデータ行数を取得するために、「Excel」アクショングループの「Excelワークシートから読み取る」アクションを追加しましょう。「Excel-A.xlsx」は変数「ExcelInstance」に格納されているので、これを使ってシートを指定します。また、Power Automateでは、セルの位置を列番号と行番号で指定します。取得対象となるセルE2は5列目の2行目のため、アクション設定画面の「取得」で「単一セルの値」を選択したうえ、「先頭列」に「5」、「先頭行」に「2」と入力して指定しましょう。

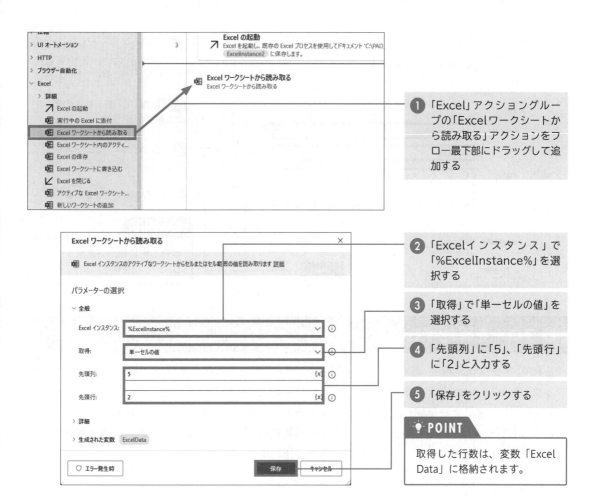

① 「Excel」アクショングループの「Excelワークシートから読み取る」アクションをフロー最下部にドラッグして追加する

② 「Excelインスタンス」で「%ExcelInstance%」を選択する

③ 「取得」で「単一セルの値」を選択する

④ 「先頭列」に「5」、「先頭行」に「2」と入力する

⑤ 「保存」をクリックする

💡 POINT

取得した行数は、変数「Excel Data」に格納されます。

❯ 転記元のデータ行数を取得する

　今度は、転記元のブック「Excel-B.xlsx」のデータ行数を取得します。同様に「Excelワークシートから読み取る」アクションを追加しましょう。「Excel-B.xlsx」は変数「ExcelInstance2」に格納されているため、これを使ってシートを指定し、データ行数が表示されているセルE2の値を取得します。

① 「Excel」アクショングループの「Excelワークシートから読み取る」アクションをフロー最下部にドラッグして追加する

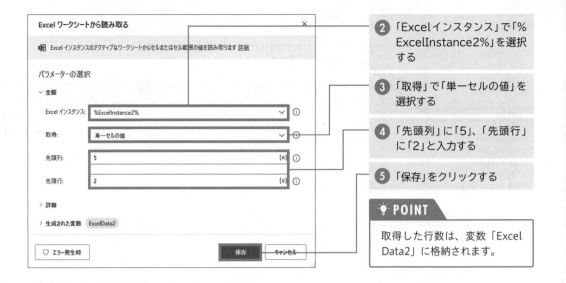

2 「Excelインスタンス」で「%ExcelInstance2%」を選択する

3 「取得」で「単一セルの値」を選択する

4 「先頭列」に「5」、「先頭行」に「2」と入力する

5 「保存」をクリックする

⚡ POINT

取得した行数は、変数「ExcelData2」に格納されます。

❯ フローを確認する

これで、ブック「Excel-A.xlsx」の「価格一覧表」シートのデータ行数が変数「ExcelData」に格納され、ブック「Excel-B.xlsx」のデータ行数が変数「ExcelData2」に格納されました。次のようにフローが組み立てられていることを確認し、フローデザイナーの▷をクリックして実行してみましょう。

どちらもデータは9行分登録されているため、変数の値が9になっていることを確認できれば成功です。画面右にある変数ペインで、変数の中身を確認しましょう。

① ▷をクリックして実行する

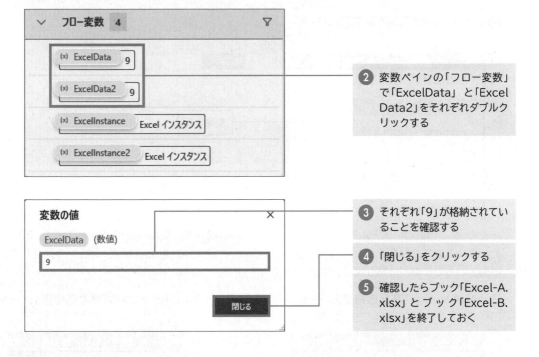

② 変数ペインの「フロー変数」で「ExcelData」と「ExcelData2」をそれぞれダブルクリックする

③ それぞれ「9」が格納されていることを確認する

④ 「閉じる」をクリックする

⑤ 確認したらブック「Excel-A.xlsx」とブック「Excel-B.xlsx」を終了しておく

⊘ COLUMN 変数名の変更

変数名は、各アクションで自動的に生成されますが、任意の変数名に変更することもできます。今回は「Excel ワークシートから読み取る」アクションを2回使用したため、「ExcelData」「ExcelData2」という類似した変数名が生成されていますが、こうした変数名が紛らわしいと感じたら、変更するとよいでしょう。アクションの設定画面左下に変数名が表示されますが、この変数名をクリックすることで、任意の変数名に変更することができます。

32 Excelから別のExcelに転記する③
～データの転記

転記先と転記元のシートに入っているデータ行数を、それぞれ変数に格納しました。これらの値を使って、転記を進めていきましょう。まず、転記先のシートのデータを行数分削除し、その後に転記元のシートのデータを行数分コピーします。

このSECTIONでやること

　　まず、転記先のブック「Excel-A.xlsx」の「商品価格表」シートに入力されているデータを削除します。削除の範囲は、セルA2から、C列の最終行（ここでは10行目）までです。行数は変数「ExcelData」に入っていますが、この変数には、列名が表示されている1行目が入っておらず、9になっています。そこで、最終行の指定では変数「ExcelData」に列名分の1を足すことに注意してください。

Excel-A.xlsxの「商品価格表」シート

	A	B	C	D	E	F	G	H	I	J
1	商品コード	商品名	商品単価		商品数					
2	A001	サン	1,350,000		9					
3	T001	マーキュリー	276,000							
4	T002	ヴィーナス	787,000							
5	T003	アース	992,000		削除する					
6	T004	マーズ	472,000							
7	C002	ジュピター	800,000							
8	C003	サターン	720,000							
9	C004	ウラヌス	647,000							
10	C005	ネプチューン	699,000							

　　その後に、転記元のブック「Excel-B.xlsx」の、セルA2から、C列の変数「ExcelData2」で示された行数＋1までの範囲をコピーして、ブック「Excel-A.xlsx」の「商品価格表」シートの、セルA2を先頭としたセル範囲に貼り付けます。

Excel-A.xlsxの「商品価格表」シート

	A	B	C
1	商品コード	商品名	商品単価
2	A001	サン	1,358,000
3	T001	マーキュリー	291,000
4	T002	ヴィーナス	798,000
5	T003	アース	1,054,000
6	T004	マーズ	503,000
7	C002	ジュピター	815,000
8	C003	サターン	725,000
9	C004	ウラヌス	711,000
10	C005	ネプチューン	717,000

Excel-B.xlsxの「商品価格表」シート

	A	B	C
1	商品コード	商品名	商品単価
2	A001	サン	1,358,000
3	T001	マーキュリー	291,000
4	T002	ヴィーナス	798,000
5	T003	アース	1,054,000
6	T004	マーズ	503,000
7	C002	ジュピター	815,000
8	C003	サターン	725,000
9	C004	ウラヌス	711,000
10	C005	ネプチューン	717,000

コピーする

● データを削除する

まず、ブック「Excel-A.xlsx」の「商品価格表」シートに入力されているデータを削除しましょう。セル範囲を削除するには、「Excel」アクショングループの「詳細」の「Excelワークシートから削除する」アクションを使います。

ブック「Excel-A.xlsx」は変数「ExcelInstance」に、ブック「Excel-A.xlsx」のデータ行数は変数「ExcelData」に格納されているため、これらを設定画面で指定しましょう。削除のセル範囲は、セルA2から、C列の変数「ExcelData」+ 1までです。「取得」で「セル範囲の値」を選択し、列番号と行番号で指定しましょう。変数「ExcelData」に1を足すには、「%ExcelData + 1%」と表現します。また、「シフト方向」では、削除後に行を上に詰める「上」を選択します。

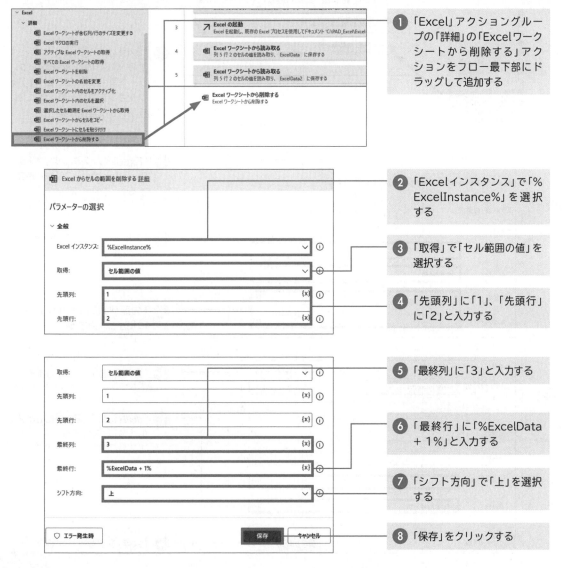

① 「Excel」アクショングループの「詳細」の「Excelワークシートから削除する」アクションをフロー最下部にドラッグして追加する

② 「Excelインスタンス」で「%ExcelInstance%」を選択する

③ 「取得」で「セル範囲の値」を選択する

④ 「先頭列」に「1」、「先頭行」に「2」と入力する

⑤ 「最終列」に「3」と入力する

⑥ 「最終行」に「%ExcelData + 1%」と入力する

⑦ 「シフト方向」で「上」を選択する

⑧ 「保存」をクリックする

❯ データをコピーする

　次に、ブック「Excel-B.xlsx」に入力されているデータをコピーしましょう。そのためには、「Excel」アクショングループの「詳細」の「Excelワークシートからセルをコピー」アクションを使用します。

　ブック「Excel-B.xlsx」は変数「ExcelInstance2」に、ブック「Excel-B.xlsx」のデータ行数は変数「ExcelData2」に格納されているため、これらを設定画面で指定しましょう。コピーのセル範囲は、セルA2から、C列の変数「ExcelData2」＋1までです。「コピーモード」で「セル範囲の値」を選択し、列番号と行番号で指定しましょう。変数「ExcelData2」で取得した行数に、列名分の1行を足すので、「%ExcelData2 ＋ 1%」と指定してください。

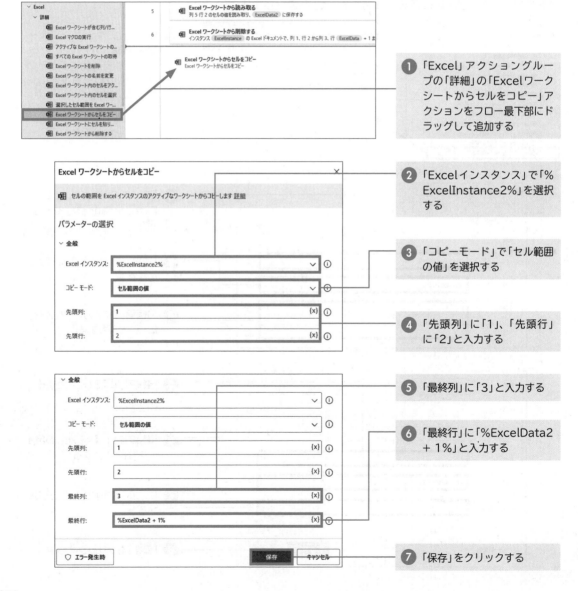

❶ 「Excel」アクショングループの「詳細」の「Excelワークシートからセルをコピー」アクションをフロー最下部にドラッグして追加する

❷ 「Excelインスタンス」で「%ExcelInstance2%」を選択する

❸ 「コピーモード」で「セル範囲の値」を選択する

❹ 「先頭列」に「1」、「先頭行」に「2」と入力する

❺ 「最終列」に「3」と入力する

❻ 「最終行」に「%ExcelData2 ＋ 1%」と入力する

❼ 「保存」をクリックする

CHAPTER

6

Excelを操作しよう

● データを貼り付ける

　ブック「Excel-B.xlsx」からコピーしたデータを、ブック「Excel-A.xlsx」の「商品価格表」シートに貼り付けます。そのためには、「Excel」アクショングループの「詳細」の「Excelワークシートにセルを貼り付け」アクションを使用し、設定画面でブック「Excel-A.xlsx」が入っている変数「ExcelInstance」を指定しましょう。

　なお、コピー元はセル範囲で指定しましたが、貼り付け先は先頭セルのみ指定することに注意しましょう。そのため貼り付け先は、セルA2です。「貼り付けモード」で「指定したセル上」を選択し、「列」に「1」、「行」に「2」と入力してください。

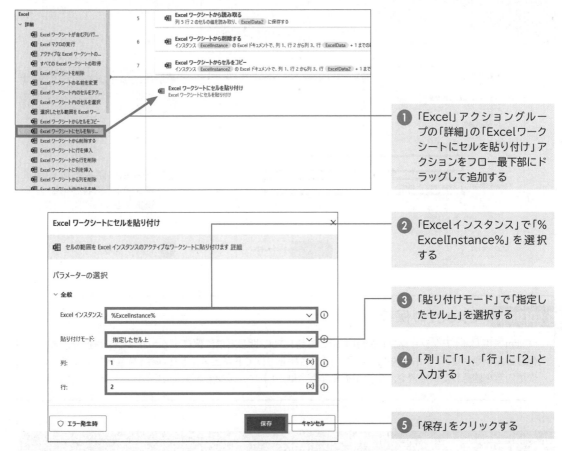

① 「Excel」アクショングループの「詳細」の「Excelワークシートにセルを貼り付け」アクションをフロー最下部にドラッグして追加する

② 「Excelインスタンス」で「%ExcelInstance%」を選択する

③ 「貼り付けモード」で「指定したセル上」を選択する

④ 「列」に「1」、「行」に「2」と入力する

⑤ 「保存」をクリックする

● 転記元のブックを閉じる

　最後に、転記元のブックを閉じるフローを作成しましょう。ブックを閉じるには、「Excel」アクショングループの「Excelを閉じる」アクションを使用し、転記元のブック「Excel-B.xlsx」を表す変数「ExcelInstance2」を指定します。

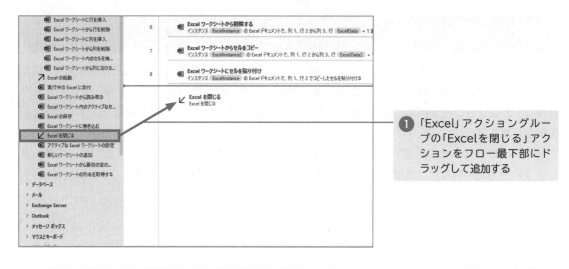

① 「Excel」アクショングループの「Excelを閉じる」アクションをフロー最下部にドラッグして追加する

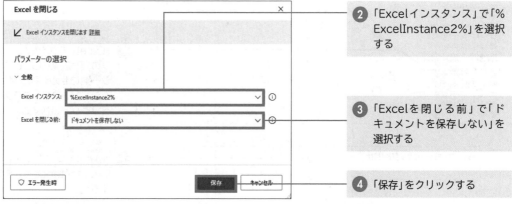

② 「Excelインスタンス」で「%ExcelInstance2%」を選択する

③ 「Excelを閉じる前」で「ドキュメントを保存しない」を選択する

④ 「保存」をクリックする

✔ COLUMN Excelの保存

「Excelを閉じる」アクションの「Excelを閉じる前」では、閉じる前に保存するかどうかを選択できます。保存したい場合は、「ドキュメントを保存」か「名前を付けてドキュメントを保存」を選択してください。変更内容を確認したい場合や、保存が不要な場合は、「ドキュメントを保存しない」にしましょう。

❯ フローを確認する

　これで、ブック「Excel-A.xlsx」の「商品価格表」シートに、ブック「Excel-B.xlsx」のデータを転記するフローが完成しました。次のようにフローが組み立てられていることを確認し、フローデザイナーの ▷ をクリックして実行してみましょう。

　データが10行目まで転記され、値が変わっていることが確認できれば成功です。またブック「Excel-B.xlsx」が最後に閉じられることも確認してください。

① ▷をクリックして実行する

🖫 保存	▷ 実行	☐ 停止	▷| 次のアクションを…	◉ レコーダー			🔍 フロー内を検索する

₀—ₚ サブフロー ∨	Main

1	↗ **Excel の起動** Excel を起動し、既存の Excel プロセスを使用してドキュメント 'C:\PAD_Excel\Excel-A.xlsx' を開き、Excel インスタンス `ExcelInstance` に保存します。
2	▦ **アクティブな Excel ワークシートの設定** Excel インスタンス `ExcelInstance` のワークシート '商品価格表' をアクティブ化します
3	↗ **Excel の起動** Excel を起動し、既存の Excel プロセスを使用してドキュメント 'C:\PAD_Excel\Excel-B.xlsx' を開き、Excel インスタンス `ExcelInstance2` に保存します。
4	▦ **Excel ワークシートから読み取る** 列 5 行 2 のセルの値を読み取り、`ExcelData` に保存する
5	▦ **Excel ワークシートから読み取る** 列 5 行 2 のセルの値を読み取り、`ExcelData2` に保存する
6	▦ **Excel ワークシートから削除する** インスタンス `ExcelInstance` の Excel ドキュメントで、列 1、行 2 から列 3、行 `ExcelData` + 1 までの範囲にあるセルを削除する
7	▦ **Excel ワークシートからセルをコピー** インスタンス `ExcelInstance2` の Excel ドキュメントで、列 1、行 2 から列 3、行 `ExcelData2` + 1 までの範囲にあるセルをコピーする
8	▦ **Excel ワークシートにセルを貼り付け** インスタンス `ExcelInstance` の Excel ドキュメントで、列 1、行 2 でコピーしたセルを貼り付ける
9	↙ **Excel を閉じる** `ExcelInstance2` に保存されている Excel インスタンスを閉じる

	A	B	C	D
1	商品コード ▼	商品名 ▼	商品単価 ▼	
2	A001	サン	1,358,000	
3	T001	マーキュリー	291,000	
4	T002	ヴィーナス	798,000	
5	T003	アース	1,054,000	
6	T004	マーズ	503,000	
7	C002	ジュピター	815,000	
8	C003	サターン	725,000	
9	C004	ウラヌス	711,000	
10	C005	ネプチューン	717,000	
11				
12				

② ブック「Excel-A.xlsx」の「商品価格表」シートに、ブック「Excel-B.xlsx」のデータが転記されることを確認する

③ ブック「Excel-B.xlsx」が最後に閉じられることを確認する

✔ COLUMN 操作が多いフローを作成するコツ

SECTION 30から、データを転記する一連の流れを確認してきました。このフローのように、アクションや操作が多いものは、途中で変数を確認したり、動作チェックを行ったりしながら作成すると、手戻りが少なくなります。

33 複数のExcelから別のExcelに転記する① 〜転記元ファイルの取得

ここから3つのSECTIONにわたって、複数のExcelファイルにあるデータを、別のExcelファイルのシートに下方向に追記していくフローを作成します。まずこのSECTIONでは、転記元となる複数のExcelファイルを取得するフローを作成しましょう。

このSECTIONでやること

このSECTION 33からSECTION 35にかけて、4つのブックのデータを1つのブックに転記するフローを作っていきます。使用するExcelファイルは、転記先のブック「Excel-A.xlsx」と、転記元のブック「Excel-C1.xlsx」「Excel-C2.xlsx」「Excel-C3.xlsx」「Excel-C4.xlsx」で、いずれもあらかじめ、「Cドライブ」内の「PAD_Excel」フォルダーに入れておきましょう。

転記先となるのは、ブック「Excel-A.xlsx」の「売上一覧」シートです。A〜D列の最下部にデータを入力すると、自動的にJ列までが埋まるようにできています。ブック「Excel-C1.xlsx」〜「Excel-C4.xlsx」には、このA〜D列に該当する売上データが入っており、これを「Excel-A.xlsx」の「売上一覧」シートに転記するようにしましょう。

Excel-A.xlsxの「商品価格表」シート

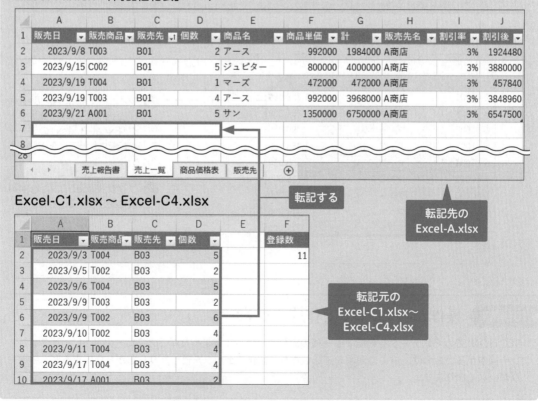

	A	B	C	D	E	F	G	H	I	J
1	販売日	販売商品	販売先	個数	商品名	商品単価	計	販売先名	割引率	割引後
2	2023/9/8	T003	B01	2	アース	992000	1984000	A商店	3%	1924480
3	2023/9/15	C002	B01	5	ジュピター	800000	4000000	A商店	3%	3880000
4	2023/9/19	T004	B01	1	マーズ	472000	472000	A商店	3%	457840
5	2023/9/19	T003	B01	4	アース	992000	3968000	A商店	3%	3848960
6	2023/9/21	A001	B01	5	サン	1350000	6750000	A商店	3%	6547500
7										
8										
28										

売上報告書　売上一覧　商品価格表　販売先　⊕

転記する

転記先の Excel-A.xlsx

Excel-C1.xlsx 〜 Excel-C4.xlsx

	A	B	C	D	E	F
1	販売日	販売商品	販売先	個数		登録数
2	2023/9/3	T004	B03	5		11
3	2023/9/5	T002	B03	2		
4	2023/9/6	T004	B03	5		
5	2023/9/9	T003	B03	2		
6	2023/9/9	T002	B03	6		
7	2023/9/10	T002	B03	4		
8	2023/9/11	T004	B03	4		
9	2023/9/17	T004	B03	4		
10	2023/9/17	A001	B03	2		

転記元の Excel-C1.xlsx〜 Excel-C4.xlsx

まずこのSECTIONでは、転記先のブック「Excel-A.xlsx」の「売上一覧」シートを開き、転記元のブック「Excel-C1.xlsx」〜「Excel-C4.xlsx」を取得するフローを作成しましょう。

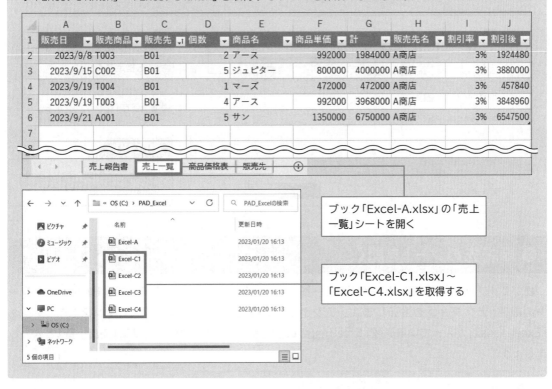

	A	B	C	D	E	F	G	H	I	J
1	販売日	販売商品	販売先	個数	商品名	商品単価	計	販売先名	割引率	割引後
2	2023/9/8	T003	B01	2	アース	992000	1984000	A商店	3%	1924480
3	2023/9/15	C002	B01	5	ジュピター	800000	4000000	A商店	3%	3880000
4	2023/9/19	T004	B01	1	マーズ	472000	472000	A商店	3%	457840
5	2023/9/19	T003	B01	4	アース	992000	3968000	A商店	3%	3848960
6	2023/9/21	A001	B01	5	サン	1350000	6750000	A商店	3%	6547500
7										

売上報告書　売上一覧　商品価格表　販売先

ブック「Excel-A.xlsx」の「売上一覧」シートを開く

ブック「Excel-C1.xlsx」〜「Excel-C4.xlsx」を取得する

❯ 転記先のブックを開く

Excelを起動し、転記先のブック「Excel-A.xlsx」を開くフローを作成しましょう。まずはこれまでと同様に、「Excelの起動」アクションを使用します。

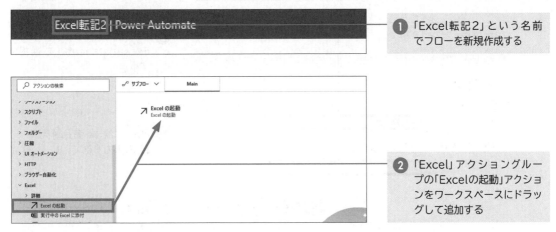

❶「Excel転記2」という名前でフローを新規作成する

❷「Excel」アクショングループの「Excelの起動」アクションをワークスペースにドラッグして追加する

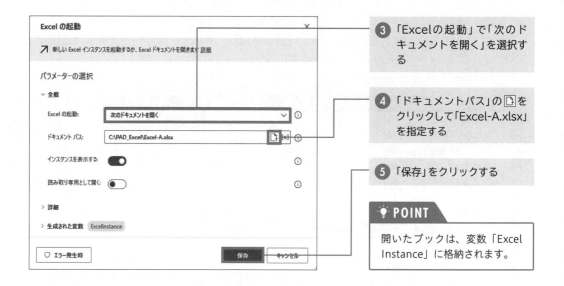

③ 「Excelの起動」で「次のドキュメントを開く」を選択する

④ 「ドキュメントパス」の □ をクリックして「Excel-A.xlsx」を指定する

⑤ 「保存」をクリックする

💡 POINT

開いたブックは、変数「ExcelInstance」に格納されます。

◉ 転記先のシートを開く

続いて、ブック「Excel-A.xlsx」の「売上一覧」シートを開くため、「アクティブなExcelワークシートの設定」アクションを追加します。アクションの設定画面の「Excelインスタンス」で、ブック「Excel-A.xlsx」が入っている変数「ExcelInstance」を指定し、「ワークシート」に「売上一覧」と入力しましょう。

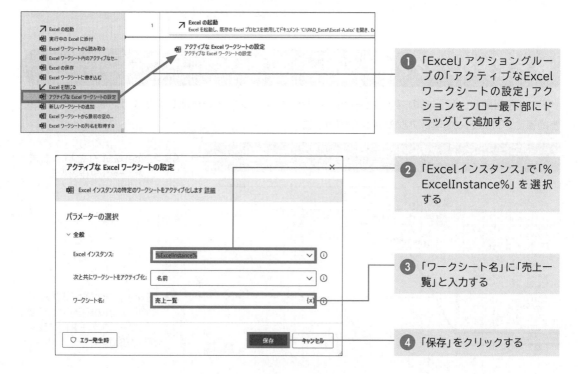

① 「Excel」アクショングループの「アクティブなExcelワークシートの設定」アクションをフロー最下部にドラッグして追加する

② 「Excelインスタンス」で「%ExcelInstance%」を選択する

③ 「ワークシート名」に「売上一覧」と入力する

④ 「保存」をクリックする

❯ 転記元のブックを取得する

　転記元となるブック「Excel-C1.xlsx」～「Excel-C4.xlsx」をリストとして取得すれば、「For each」アクションで繰り返し処理することができます。そこで、「PAD_Excel」フォルダー内の「Excel-C●.xlsx」という名前のExcelファイルを、リストとして取得するフローを作成しましょう。そのために、「フォルダー」アクショングループの「フォルダー内のファイルを取得」アクションを使用します。「Excel-C●.xlsx」はワイルドカードの「*」を使用し、「Excel-C*.xlsx」と指定しましょう。

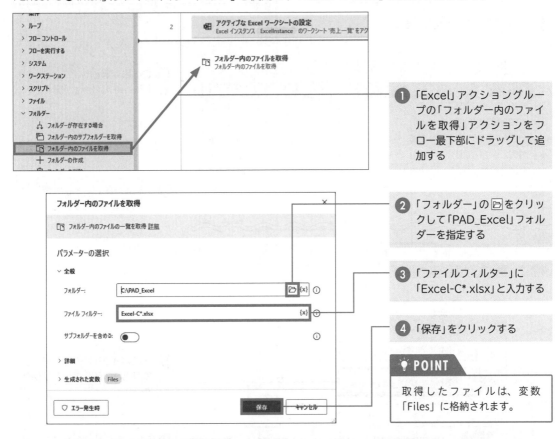

❶ 「Excel」アクショングループの「フォルダー内のファイルを取得」アクションをフロー最下部にドラッグして追加する

❷ 「フォルダー」の 🗁 をクリックして「PAD_Excel」フォルダーを指定する

❸ 「ファイルフィルター」に「Excel-C*.xlsx」と入力する

❹ 「保存」をクリックする

💡 POINT

取得したファイルは、変数「Files」に格納されます。

❯ フローを確認する

　これで、転記先のブック「Excel-A.xlsx」を開き、転記元のブックを取得するフローを作成することができました。次のようにフローが組み立てられていることを確認し、フローデザイナーの ▷ をクリックして実行してみましょう。

　Excelが起動し、ブック「Excel-A.xlsx」の「売上一覧」シートが表示されることを確認しましょう。さらに、変数「Files」に、「Excel-C1.xlsx」～「Excel-C4.xlsx」の4つのブックが格納されているか確認しましょう。

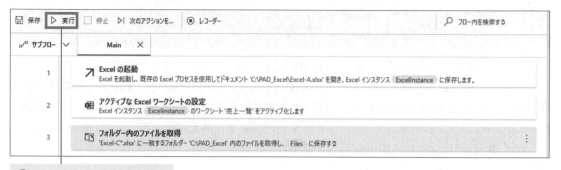

1 ▷ をクリックして実行する

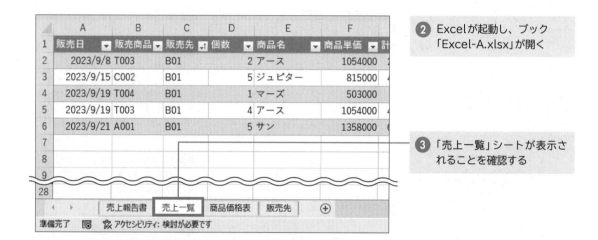

2 Excelが起動し、ブック「Excel-A.xlsx」が開く

3 「売上一覧」シートが表示されることを確認する

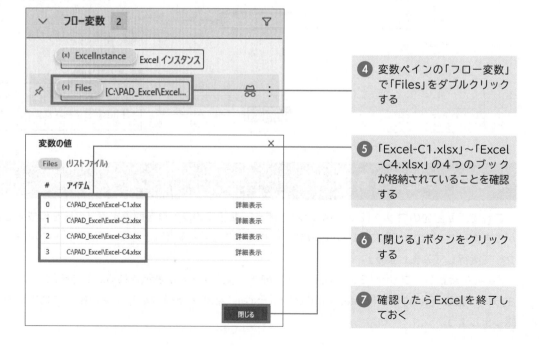

4 変数ペインの「フロー変数」で「Files」をダブルクリックする

5 「Excel-C1.xlsx」～「Excel-C4.xlsx」の4つのブックが格納されていることを確認する

6 「閉じる」ボタンをクリックする

7 確認したらExcelを終了しておく

34 複数のExcelから別のExcelに転記する② ~データの転記

「PAD_Excel」フォルダー内の転記元のブックをリストとして取得できました。このリストを「For each」アクションで繰り返し処理して、それぞれのデータを転記していきましょう。転記先のデータは上書きせず、最終行の下に追記していきます。

このSECTIONでやること

　転記元のブックは変数「Files」にリストとして格納されます。このリストを「For each」アクションで繰り返し処理して、1つずつ転記元ブックを開きます。さらに、転記元ブックのデータの行数を調べて、A~D列の、その行数分のデータ範囲をコピーします。転記元ブックのデータの行数は、各ブックのセルF2に表示されるようになっているため、これを活用するようにしましょう。

　そのうえで、転記先のブック「Excel-A.xlsx」の「売上一覧」シートで、上から空白行を探していき、探し当てた空白行にデータを追記する形で貼り付けます。そして最後に、転記元のブックを閉じるようにしましょう。

Excel-C1.xlsx ~ Excel-C4.xlsxのA~D列　　　　Excel-A.xlsxの「売上一覧」シート

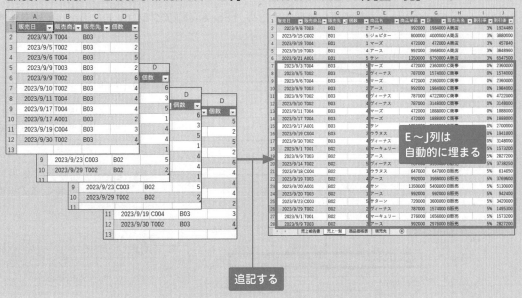

E~J列は自動的に埋まる

追記する

転記元ブックを繰り返し開く

　「ループ」アクショングループの「For each」アクションを使って、変数「Files」に格納されている複数の転記元ブックを、繰り返し開くようにしましょう。

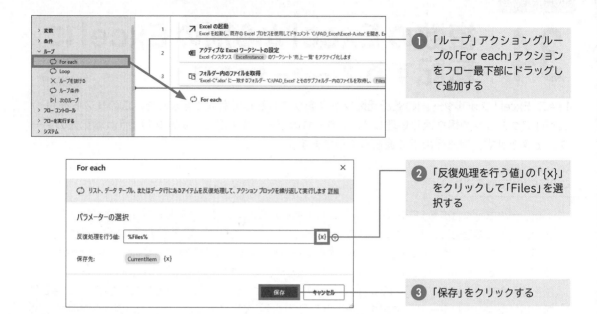

① 「ループ」アクショングルー
プの「For each」アクション
をフロー最下部にドラッグし
て追加する

② 「反復処理を行う値」の「{x}」
をクリックして「Files」を選
択する

③ 「保存」をクリックする

これで、変数「Files」内の転記元ブックが、変数「CurrentItem」に1つずつ順に格納されるように
なりました。この変数を利用して、それぞれの転記元ブックを「Excelの起動」アクションで開きましょ
う。なお、以降のアクションも繰り返し処理するため、「For each」アクション内に追加していきます。

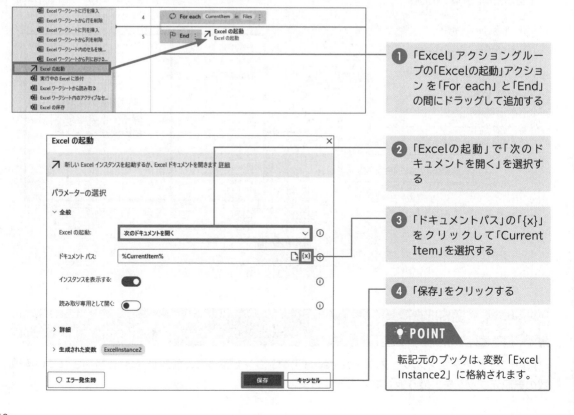

① 「Excel」アクショングルー
プの「Excelの起動」アクショ
ンを「For each」と「End」
の間にドラッグして追加する

② 「Excelの起動」で「次のド
キュメントを開く」を選択す
る

③ 「ドキュメントパス」の「{x}」
をクリックして「Current
Item」を選択する

④ 「保存」をクリックする

POINT

転記元のブックは、変数「Excel
Instance2」に格納されます。

❯ 転記元ブックからデータをコピーする

　転記元ブックのデータをコピーする前に、コピーするデータの行数を調べなければなりません。転記元ブックでは、セルF2にデータ行数が表示されるようになっています。そのため、「Excelワークシートから読み取る」アクションを使って、転記元ブックが格納されている変数「ExcelInstance2」を指定し、セルF2の値を取得しましょう。

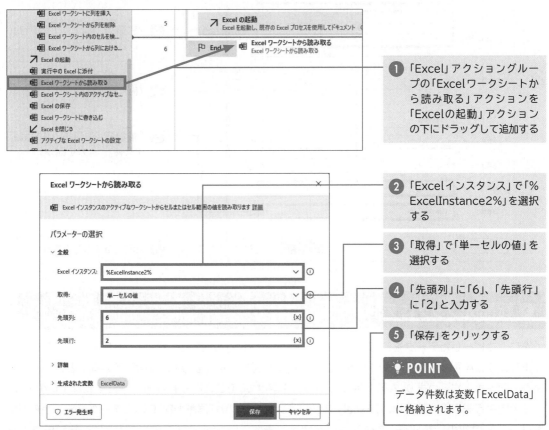

① 「Excel」アクショングループの「Excelワークシートから読み取る」アクションを「Excelの起動」アクションの下にドラッグして追加する

② 「Excelインスタンス」で「%ExcelInstance2%」を選択する

③ 「取得」で「単一セルの値」を選択する

④ 「先頭列」に「6」、「先頭行」に「2」と入力する

⑤ 「保存」をクリックする

POINT

データ件数は変数「ExcelData」に格納されます。

CHAPTER **6** Excelを操作しよう

　続いて、「Excelワークシートからセルをコピー」アクションで転記元のデータをコピーします。コピー範囲は、セルA2から、D列のデータ件数に列名分の1行を足した行までです。そのため「最終行」は、データ件数が格納されている変数「ExcelData」を使用して「%ExcelData + 1%」と指定しましょう。

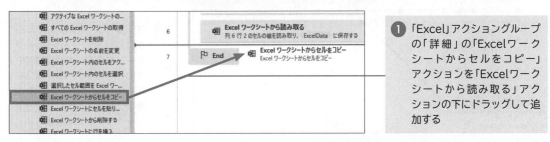

① 「Excel」アクショングループの「詳細」の「Excelワークシートからセルをコピー」アクションを「Excelワークシートから読み取る」アクションの下にドラッグして追加する

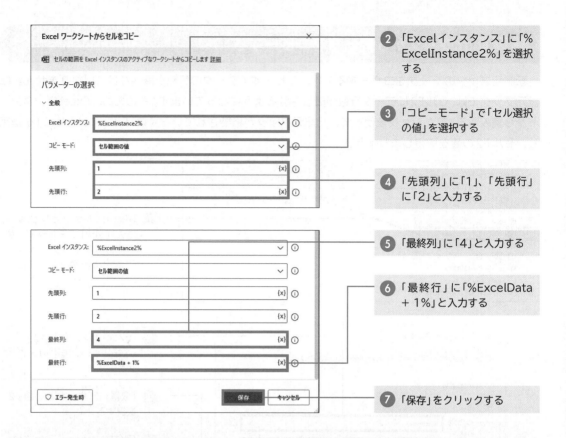

② 「Excelインスタンス」に「%ExcelInstance2%」を選択する

③ 「コピーモード」で「セル選択の値」を選択する

④ 「先頭列」に「1」、「先頭行」に「2」と入力する

⑤ 「最終列」に「4」と入力する

⑥ 「最終行」に「%ExcelData + 1%」と入力する

⑦ 「保存」をクリックする

❯ 転記先ブックにデータを貼り付ける

次に、コピーしたデータを、転記先ブック「Excel-A.xlsx」の「売上一覧」シートに貼り付けるようにしましょう。A列の最終行の次にある空白セルに貼り付けていくようにすれば、下方向にどんどんデータを追記できます。つまり、A列で最初の空白行を調べて、そこに貼り付けるようにすればよいのです。

その空白行を取得するには、「Excel」アクショングループの「詳細」の「Excelワークシートから列における最初の空の行を取得」アクションを利用します。「Excelインスタンス」では、転記先ブック「Excel-A.xlsx」が格納されている変数「ExcelInstance」を指定し、「列」にA列を示す「1」を入力しましょう。

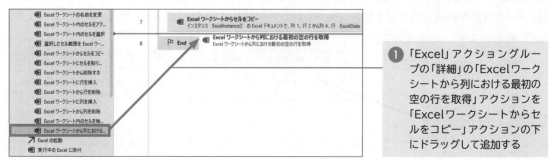

① 「Excel」アクショングループの「詳細」の「Excelワークシートから列における最初の空の行を取得」アクションを「Excelワークシートからセルをコピー」アクションの下にドラッグして追加する

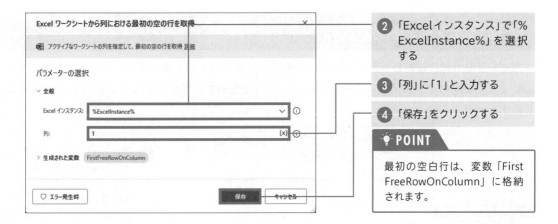

② 「Excelインスタンス」で「%ExcelInstance%」を選択する

③ 「列」に「1」と入力する

④ 「保存」をクリックする

　続いて、コピーしたデータを、「Excelワークシートにセルを貼り付け」アクションで、転記先ブック「Excel-A.xlsx」の「売上一覧」シートに貼り付けます。貼り付け先はA列の最初の空白行です。そのため、転記先ブック「Excel-A.xlsx」が格納されている変数「ExcelInstance」を指定したうえ、「列」は「1」を、「行」は空白行が格納されている変数「FirstFreeRowOnColumn」を指定しましょう。

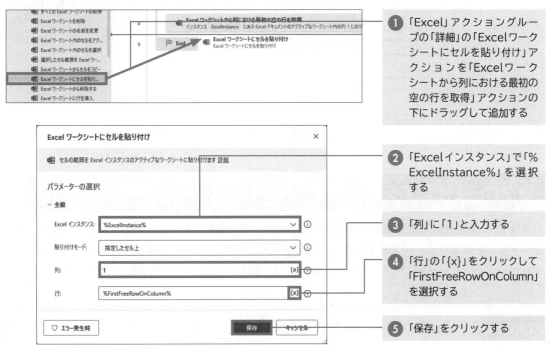

① 「Excel」アクショングループの「詳細」の「Excelワークシートにセルを貼り付け」アクションを「Excelワークシートから列における最初の空の行を取得」アクションの下にドラッグして追加する

② 「Excelインスタンス」で「%ExcelInstance%」を選択する

③ 「列」に「1」と入力する

④ 「行」の「{x}」をクリックして「FirstFreeRowOnColumn」を選択する

⑤ 「保存」をクリックする

✅ COLUMN　最初の空白行を取得するときの注意点

「Excelワークシートから列における最初の空の行を取得」アクションは、表の上部の空白行も検知するため、表は1行目から作成するようにしましょう。

❯ 転記元ブックを閉じる

コピーと貼り付けが終わったら、不要な転記元ブックは「Excelを閉じる」アクションで閉じておきましょう。「Excelインスタンス」では、転記元ブックが格納されている変数「ExcelInstance2」を指定します。

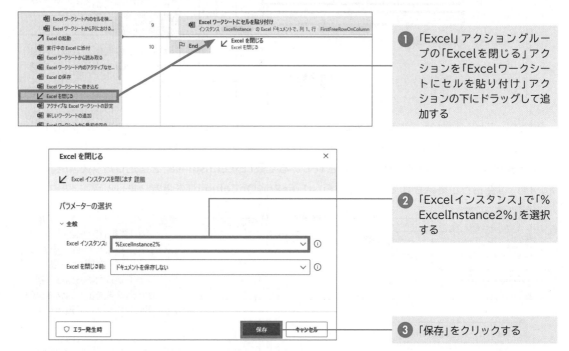

① 「Excel」アクショングループの「Excelを閉じる」アクションを「Excelワークシートにセルを貼り付け」アクションの下にドラッグして追加する

② 「Excelインスタンス」で「%ExcelInstance2%」を選択する

③ 「保存」をクリックする

❯ フローを確認する

これで、ブック「Excel-C1.xlsx」～「Excel-C4.xlsx」のデータを、ブック「Excel-A.xlsx」の「売上一覧」シートに追記するフローができました。フローデザイナーの▷をクリックして実行してみましょう。「Excel-A.xlsx」のシートにデータがすべて転記され、46行目までデータが増えていれば成功です。

> **COLUMN** Excelのテーブルによる自動計算
>
> 今回の転記元ブック「Excel-C1.xlsx」～「Excel-C4.xlsx」は、A～D列までの4列しかありません。しかし、転記先ブック「Excel-A.xlsx」のシート「売上一覧」のA～D列に転記すると、E～J列も自動で埋まります。これはExcelのテーブル機能によるものです。テーブルは下にデータが追加されると、テーブル範囲が自動的に広がり、広がったテーブル範囲にも上の行から計算式が自動的にコピーされるため、このようにセルが埋まるのです。今回のようにデータを追記したい場合は、転記先をテーブルにしておくと便利でしょう。

① ▷をクリックして実行する

	保存	▷ 実行	□ 停止	▷	次のアクションを...	◉ レコーダー		🔍	**変数**

ₒ° サブフロー ∨		Main		🔍 変数の検索

1	↗	**Excel の起動** Excel を起動し、既存の Excel プロセスを使用してドキュメント 'C:\PAD_Excel\Excel-A.xlsx' を開き、Excel インスタンス `ExcelInstance` に保存します。	∨ 入出力
2	▥	**アクティブな Excel ワークシートの設定** Excel インスタンス `ExcelInstance` のワークシート '売上一覧' をアクティブ化します	ここに
3	🗐	**フォルダー内のファイルを取得** 'Excel-C*.xlsx' に一致するフォルダー 'C:\PAD_Excel' 内のファイルを取得し、`Files` に保存する	
4	∨ ⟳	**For each** CurrentItem in Files	∨ フロー変
5	↗	**Excel の起動** Excel を起動し、既存の Excel プロセスを使用してドキュメント `CurrentItem` を開き、Excel インスタンス `ExcelInstance2` に保存します。	(x) Curre
6	▥	**Excel ワークシートから読み取る** 列 6 行 2 のセルの値を読み取り、`ExcelData` に保存する	(x) ExcelI (x) Excel
7	▥	**Excel ワークシートからセルをコピー** インスタンス `ExcelInstance2` の Excel ドキュメントで、列 1、行 2 から列 4、行 `ExcelData` + 1 までの範囲にあるセルをコピーする	(x) Excel
8	▥	**Excel ワークシートから列における最初の空の行を取得** インスタンス `ExcelInstance` にある Excel ドキュメントのアクティブなワークシート内の列 1 における最初の空の行を取得	(x) Files
9	▥	**Excel ワークシートにセルを貼り付け** インスタンス `ExcelInstance` の Excel ドキュメントで、列 1、行 `FirstFreeRowOnColumn` でコピーしたセルを貼り付ける	(x) FirstF
10	↙	**Excel を閉じる** `ExcelInstance2` に保存されている Excel インスタンスを閉じる	
11	⏴	**End**	

	A	B	C	D	E	F	G	H	I	J	K
1	販売日 ▼	販売商品 ▼	販売先 ▾	個数 ▼	商品名 ▼	商品単価 ▼	計 ▼	販売先名 ▼	割引率 ▼	割引後 ▼	
2	2023/9/8	T003	B01	2	アース	992000	1984000	A商店	3%	1924480	
3	2023/9/15	C002	B01	5	ジュピター	800000	4000000	A商店	3%	3880000	
4	2023/9/19	T004	B01	1	マーズ	472000	472000	A商店	3%	457840	
5	2023/9/19	T003	B01	4	アース	992000	3968000	A商店	3%	3848960	
6	2023/9/21	A001	B01	5	サン	1350000	6750000	A商店	3%	6547500	
7	2023/9/3	T004	B03	5	マーズ	472000	2360000	C商事	0%	2360000	
43	2023/9/17	T004	B03	4	マーズ	472000	1888000	C商事	0%	1888000	
44	2023/9/17	A001	B03	2	サン	1350000	2700000	C商事	0%	2700000	
45	2023/9/19	C004	B03	3	ウラヌス	647000	1941000	C商事	0%	1941000	
46	2023/9/30	T002	B03	4	ヴィーナス	787000	3148000	C商事	0%	3148000	
47											

② ブック「Excel-A.xlsx」の「売上一覧」シートの46行目までデータが追記されることを確認する

③ 確認したらExcelを保存せずに終了しておく

CHAPTER **6** Excelを操作しよう

163

≫ 35 複数のExcelから別のExcelに 転記する③ ～条件による転記

実は転記元ブックの中には内容が未確定のものがあり、そのブックには「未確定」と記載されています。転記先のブックに「未確定」と記載されているかどうかを確認し、「未確定」の場合はそのブックを転記せず、そうではなかった場合にのみ転記を行うフローに改造してみましょう。

> **このSECTIONでやること**

転記元ブック「Excel-C1.xlsx」～「Excel-C4.xlsx」の中には、内容が未確定のものがあり、その場合はセルF4に「未確定」と記載されています。転記先のブックを開いた直後にセルF4の値を取得し、「未確定」でない場合にのみ転記の処理を行うよう、「If」アクションで条件分岐させましょう。

Excel-C1.xlsx ～ Excel-C4.xlsx

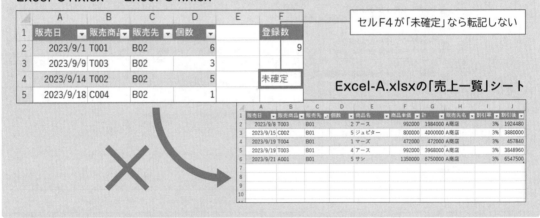

セルF4が「未確定」なら転記しない

	A	B	C	D	E	F
1	販売日	販売商品	販売先	個数		登録数
2	2023/9/1	T001	B02	6		9
3	2023/9/9	T003	B02	3		
4	2023/9/14	T002	B02	5		未確定
5	2023/9/18	C004	B02	1		

Excel-A.xlsxの「売上一覧」シート

	販売日	販売商品	販売先	個数	商品名	商品単価	計	販売先名	割引率	割引後
2	2023/9/8	T003	B01	2	アース	992000	1984000	A商店	3%	1924480
3	2023/9/15	C002	B01	5	ジュピター	800000	4000000	A商店	3%	3880000
4	2023/9/19	T004	B01	1	マーズ	472000	472000	A商店	3%	457840
5	2023/9/19	T003	B01	4	アース	992000	3968000	A商店	3%	3848960
6	2023/9/21	A001	B01	5	サン	1350000	6750000	A商店	3%	6547500

❯ セルの値を読み取る

転記元ブックを開いた直後にセルF4の値を取得するため、「Excelワークシートから読み取る」アクションを、「For each」アクション内の「Excelの起動」アクションの下に追加します。設定画面では、転記元ブックが格納されている変数「ExcelInstance2」を指定し、セルF4の列番号と行番号を指定します。

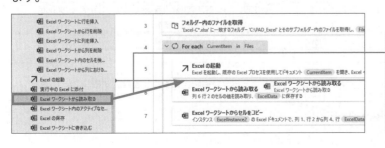

① 「Excel」アクショングループの「Excelワークシートから読み取る」アクションを「For each」内の「Excelの起動」アクションの下にドラッグして追加する

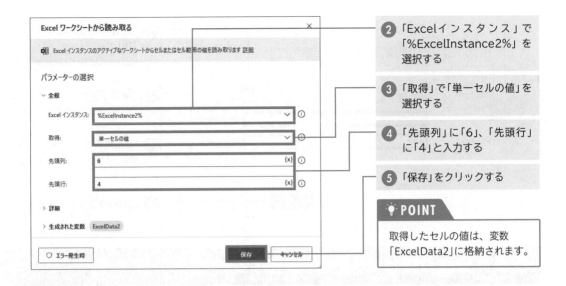

② 「Excelインスタンス」で「%ExcelInstance2%」を選択する

③ 「取得」で「単一セルの値」を選択する

④ 「先頭列」に「6」、「先頭行」に「4」と入力する

⑤ 「保存」をクリックする

💡 POINT

取得したセルの値は、変数「ExcelData2」に格納されます。

❯ 条件分岐させる

セルF4の値が格納される変数「ExcelData2」を使って条件分岐させるため、「If」アクションを追加します。このアクションは、「For each」アクション内の、最初の「Excelワークシートから読み取る」アクションの下に追加しましょう。

今回は、変数「ExcelData2」に格納されているセルF4の値が「未確定」でない場合を条件にします。そのためアクションの設定画面では、「最初のオペランド」で変数「ExcelData2」を、「演算子」で「と等しくない(<>)」を、「2番目のオペランド」で「未確定」を指定します。このように設定したうえで、「If」アクション内に転記のアクションをはさみ込めば、セルF4の値が「未確定」でないブックのみ転記が行われます。

① 「条件」アクショングループの「If」アクションを、「For each」内の最初の「Excelワークシートから読み取る」アクションの下にドラッグして追加する

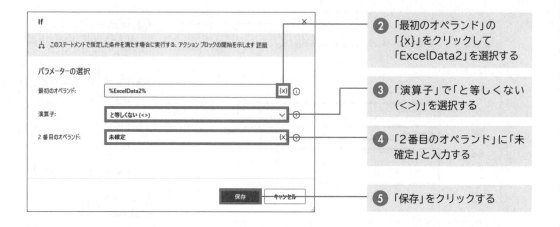

② 「最初のオペランド」の「{x}」をクリックして「ExcelData2」を選択する

③ 「演算子」で「と等しくない（<>）」を選択する

④ 「2番目のオペランド」に「未確定」と入力する

⑤ 「保存」をクリックする

❯ 条件分岐の終わりの位置を調整する

「If」アクションを追加すると、自動的に条件分岐の終わりを示す「End」アクションが現れますが、まだ「If」と「End」の間に何もない状態のため条件分岐が機能しません。そこで、「End」アクションを条件分岐の終わりのアクションの下に移動します。今回は、転記元ブックを閉じる直前までを条件分岐の内容とするため、「For each」アクション内の「Excelを閉じる」アクションの前に、「End」アクションを移動させましょう。

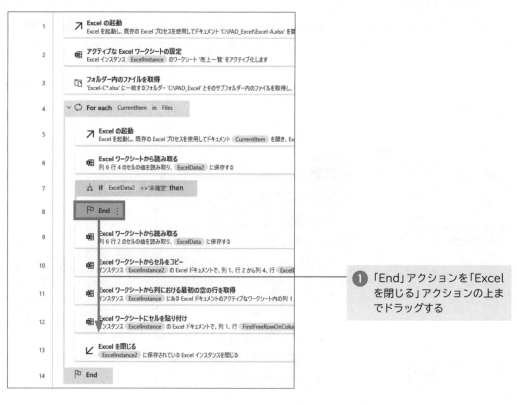

① 「End」アクションを「Excelを閉じる」アクションの上までドラッグする

12	🏳 End ⋮
13	↙ Excel を閉じる ExcelInstance2 に保存されている Excel インスタンスを閉じる
14	🏳 End

2 「End」アクションのみ「Excel を閉じる」アクションの上に移動したことを確認する

❯ フローを確認する

　これで、ブック「Excel-C1.xlsx」〜「Excel-C4.xlsx」のうち、「未確定」でないブックのデータのみ、ブック「Excel-A.xlsx」の「売上一覧」シートに追記するフローができました。フローデザイナーの ▷ をクリックして実行してみましょう。「Excel-A.xlsx」の「売上一覧」シートに、「未確定」でない「Excel-C1.xlsx」と「Excel-C3.xlsx」のデータが転記され、26行目までデータが増えていれば成功です。

1 ▷ をクリックして実行する

🖫 保存　▷ 実行　☐ 停止　▷| 次のアクションを…　◉ レコーダー

⌐⌐ サブフロー ∨　　　Main

1	↗ **Excel の起動** Excel を起動し、既存の Excel プロセスを使用してドキュメント 'C:\PAD_Excel\Excel-A.xlsx' を開き、Excel インスタンス ExcelInstance に保存します。
2	🖾 **アクティブな Excel ワークシートの設定** Excel インスタンス ExcelInstance のワークシート '売上一覧' をアクティブ化します
3	🗂 **フォルダー内のファイルを取得** 'Excel-C*.xlsx' に一致するフォルダー 'C:\PAD_Excel' とそのサブフォルダー内のファイルを取得し、 Files に保存する
4	∨ ⟳ **For each** CurrentItem in Files
5	↗ **Excel の起動** 　Excel を起動し、既存の Excel プロセスを使用してドキュメント CurrentItem を開き、Excel インスタンス ExcelInstance2 に保存します。
6	🖾 **Excel ワークシートから読み取る** 　列 6 行 4 のセルの値を読み取り、 ExcelData2 に保存する
7	∨ ⊥ **If** ExcelData2 <>'未確定' **then**
8	🖾 **Excel ワークシートから読み取る** 　　列 6 行 2 のセルの値を読み取り、 ExcelData に保存する
9	🖾 **Excel ワークシートからセルをコピー** 　　インスタンス ExcelInstance2 の Excel ドキュメントで、列 1、行 2 から列 4、行 ExcelData + 1 までの範囲にあるセルをコピーする
10	🖾 **Excel ワークシートから列における最初の空の行を取得** 　　インスタンス ExcelInstance にある Excel ドキュメントのアクティブなワークシート内の列 1 における最初の空の行を取得
11	🖾 **Excel ワークシートにセルを貼り付け** 　　インスタンス ExcelInstance の Excel ドキュメントで、列 1、行 FirstFreeRowOnColumn でコピーしたセルを貼り付ける
12	🏳 End ⋮
13	↙ **Excel を閉じる** 　ExcelInstance2 に保存されている Excel インスタンスを閉じる
14	🏳 End

	A	B	C	D	E	F	G	H	I	J
1	販売日 ▼	販売商品▼	販売先 ▾↓	個数 ▼	商品名 ▼	商品単価 ▼	計 ▼	販売先名 ▼	割引率 ▼	割引後 ▼
2	2023/9/8	T003	B01	2	アース	992000	1984000	A商店	3%	1924480
3	2023/9/15	C002	B01	5	ジュピター	800000	4000000	A商店	3%	3880000
4	2023/9/19	T004	B01	1	マーズ	472000	472000	A商店	3%	457840
5	2023/9/19	T003	B01	4	アース	992000	3968000	A商店	3%	3848960
6	2023/9/21	A001	B01	5	サン	1350000	6750000	A商店	3%	6547500
7	2023/9/3	T004	B03	5	マーズ	472000	2360000	C商事	0%	2360000
8	2023/9/5	T002	B03	2	ヴィーナス	787000	1574000	C商事	0%	1574000
9	2023/9/6	T004	B03	5	マーズ	472000	2360000	C商事	0%	2360000
10	2023/9/9	T003	B03	2	アース	992000	1984000	C商事	0%	1984000
11	2023/9/9	T002	B03	6	ヴィーナス	787000	4722000	C商事	0%	4722000
12	2023/9/10	T002	B03	4	ヴィーナス	787000	3148000	C商事	0%	3148000
13	2023/9/11	T004	B03	4	マーズ	472000	1888000	C商事	0%	1888000
14	2023/9/17	T004	B03	4	マーズ	472000	1888000	C商事	0%	1888000
15	2023/9/17	A001	B03	2	サン	1350000	2700000	C商事	0%	2700000
16	2023/9/19	C004	B03	3	ウラヌス	647000	1941000	C商事	0%	1941000
17	2023/9/30	T002	B03	4	ヴィーナス	787000	3148000	C商事	0%	3148000
18	2023/9/1	T001	B02	6	マーキュリー	276000	1656000	B販売	5%	1573200
19	2023/9/9	T003	B02	3	アース	992000	2976000	B販売	5%	2827200
20	2023/9/14	T002	B02	5	ヴィーナス	787000	3935000	B販売	5%	3738250
21	2023/9/18	C004	B02	1	ウラヌス	647000	647000	B販売	5%	614650
22	2023/9/19	T003	B02	4	アース	992000	3968000	B販売	5%	3769600
23	2023/9/20	A001	B02	4	サン	1350000	5400000	B販売	5%	5130000
24	2023/9/20	T003	B02	1	アース	992000	992000	B販売	5%	942400
25	2023/9/23	C003	B02	5	サターン	720000	3600000	B販売	5%	3420000
26	2023/9/29	T002	B02	2	ヴィーナス	787000	1574000	B販売	5%	1495300
27										
28										

売上報告書　売上一覧　商品価格表　販売先　⊕

準備完了　🗔　♿ アクセシビリティ: 検討が必要です

2 ブック「Excel-A.xlsx」の「売上一覧」シートの26行目までデータが追記されることを確認する

✅ COLUMN 「End」アクションの位置

今回は、「If」アクションの終点である「End」アクションを、転記元ブックを閉じる前までにしました。もし、ブックを閉じた後に「End」アクションを配置したらどうなるでしょうか。転記するブックのみ閉じ、そうでないブックは閉じないことになり、最終的には、転記しない2つのブックが閉じられずに残ってしまうはずです。このように、「End」アクションの位置を間違えると、想定外の動作が発生してしまいます。エラーの原因になることもあるため、「End」アクションの位置を間違えないよう、十分に注意しましょう。「Loop」アクションや「For each」アクションなどに付随する「End」アクションに関しても、同様に気を付けましょう。

7.1 Webを操作するための準備

CHAPTER

7

· · · · ·

Webを
操作しよう

このCHAPTERでは、Webブラウザーを操
作する方法を学んでいきます。Webページ
の情報を取得してExcelに転記したり、
Webページに連続アクセスしたりするフロー
を作成しましょう。また、Webページへの
入力にもチャレンジします。

》36 Webを操作するための準備

Power Automateは、Webを操作することもできます。ただしそのためには、Webブラウザーに Power Automateの拡張機能をインストールしなければなりません。ここでは、Microsoft Edgeに拡張機能をインストールする手順を解説します。

> **このSECTIONでやること**
>
> Power Automateは様々なアプリケーションと連携できますが、Microsoft EdgeなどのWebブラウザーとも連携でき、Webページの情報の読み取りや、Webページへの入力などが可能です。ただし、初期状態ではWebブラウザーにPower Automateの拡張機能がインストールされていないため、こうした連携ができません。今回はMicrosoft Edgeに拡張機能をインストールして、Webを操作できるようにしましょう。
>
> なお、SECTION 12でも、Microsoft Edgeに拡張機能をインストールする方法について解説しています。すでに拡張機能をインストール済みの場合は、このSECTIONはスキップして構いません。

❯ Microsoft Edgeに拡張機能をインストールする

拡張機能のインストールは、フローを作成してからでしかできないため、まず「Web連携1」という名前のフローを作成しましょう。その後、メニューバーの「ツール」から「Microsoft Edge」を選択すると、Microsoft Edgeが立ち上がり、拡張機能の設定画面が表示されるので、そこからインストールを行います。

Web連携1 | Power Automate

❶ 「Web連携1」という名前で
フローを新規作成する

② メニューバーの「ツール」を
クリックする

③ 「ブラウザー拡張機能」にマ
ウスポインターを合わせる

④ 「Microsoft Edge」をクリッ
クする

⑤ Microsoft Edgeで拡張機
能のWebページが表示され
る

⑥ 「削除」と表示されている場
合は拡張機能がインストール
済みのため、この手順はス
キップして、SECTION 37
へ進む

⑦ 「インストール」と表示され
ている場合は拡張機能がイン
ストールされていないため、
クリックする

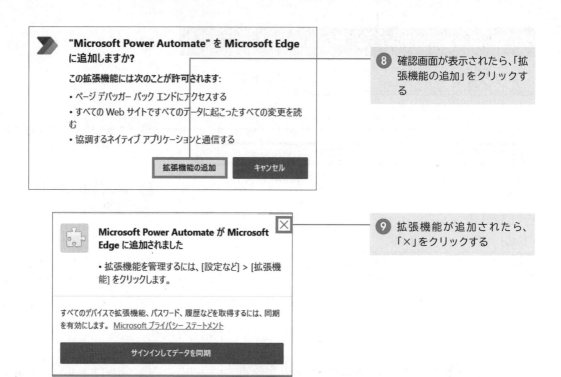

⑧ 確認画面が表示されたら、「拡張機能の追加」をクリックする

⑨ 拡張機能が追加されたら、「×」をクリックする

⑩ 「×」をクリックして Microsoft Edgeを閉じる

> **✓ COLUMN** 「Power Automate拡張機能が必要です。」という警告について
>
> Power AutomateでWeb操作を行っていると、「Power Automate拡張機能が必要です。」などという警告が表示され、拡張機能のインストールを促される場合があります。しかし、拡張機能が正常にインストールされている状態でもこの警告が表示されるケースがあります。その場合はこの警告は無視して構いません。

37

Web から情報を取得する①
～テキストの取得

内閣府のWebサイトに祝日・休日の一覧表があるので、その一覧表とタイトルを取得し、Excel
に転記するフローを作成しましょう。フローが長いため、ここから3つのSECTIONにわたって作っ
ていきます。まずはタイトルの取得から行いましょう。

このSECTIONでやること

祝日・休日の一覧表が掲載されている内閣府のWebページ「https://www8.cao.go.jp/chosei
/shukujitsu/gaiyou.html」があります。その中にある「○令和6年(2024年)の国民の祝日・休
日」というタイトルの一覧表を取得してExcelに転記するフローを、ここから3SECTIONにわたっ
て作成していきます。

まずこのSECTIONでは、「○令和6年(2024年)の国民の祝日・休日」というタイトルを取得
するところまで作りましょう。

○令和6年(2024年)の国民の祝日・休日

名称	日付	備考
元日	1月1日	
成人の日	1月8日	
建国記念の日	2月11日	
休日	2月12日	祝日法第3条第2項によ…
天皇誕生日	2月23日	
春分の日	3月20日	
昭和の日	4月29日	

変数の値

DataFromWebPage (Datatable)

#	結果
0	○令和6年(2024年)の国民の祝日・休日

Web上のテキストを取得する

あらかじめ Web ページを表示しておく

Webページ情報の取得では、WebページをWebブラウザーで表示して、取得する要素をクリック
して指定します。そこで、あらかじめMicrosoft Edgeで祝日・休日の一覧表が掲載されているWebペー
ジを開いておきましょう。

❶ Microsoft Edge を起動し、
祝日・休日一覧ページのURL
「https://www8.cao.go.jp/
chosei/shukujitsu/
gaiyou.html」にアクセスする

❯ Webページを開く

　まずは、Microsoft Edgeを起動し、祝日・休日一覧のあるWebページを開くようにしましょう。Microsoft EdgeでWebページを開くには、「ブラウザー自動化」アクショングループの「新しいMicrosoft Edgeを起動」アクションを使用します。

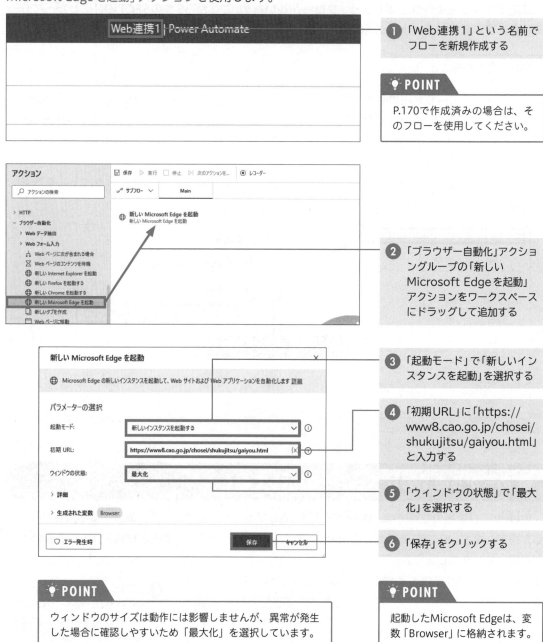

① 「Web連携1」という名前で
　フローを新規作成する

💡 **POINT**

P.170で作成済みの場合は、そのフローを使用してください。

② 「ブラウザー自動化」アクショングループの「新しいMicrosoft Edgeを起動」アクションをワークスペースにドラッグして追加する

③ 「起動モード」で「新しいインスタンスを起動」を選択する

④ 「初期URL」に「https://www8.cao.go.jp/chosei/shukujitsu/gaiyou.html」と入力する

⑤ 「ウィンドウの状態」で「最大化」を選択する

⑥ 「保存」をクリックする

💡 **POINT**

ウィンドウのサイズは動作には影響しませんが、異常が発生した場合に確認しやすいため「最大化」を選択しています。

💡 **POINT**

起動したMicrosoft Edgeは、変数「Browser」に格納されます。

◉ Webページのテキストを取得する

　次に、Webページ内の「○令和6年（2024年）の国民の祝日・休日」という表のタイトルを取り込みます。そのためには、「ブラウザー自動化」アクショングループの「Webデータ抽出」の「Webページからデータを抽出する」アクションを使います。

　「Webページからデータを抽出する」アクションの設定画面では、「Webブラウザーインスタンス」で、Microsoft Edgeのウィンドウが格納されている変数「Browser」を選択しましょう。また、設定画面を表示しながら、Microsoft Edgeのウィンドウをクリックしてアクティブの状態にし、「ライブWebヘルパー」画面を開いたうえで、Webページ上の取り込む要素を指定します。この過程の画面表示はやや遅いため、焦らず確実に操作していきましょう。

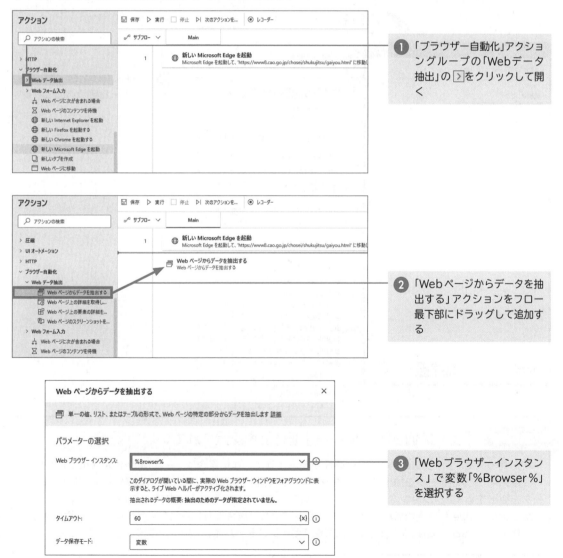

① 「ブラウザー自動化」アクショングループの「Webデータ抽出」の ＞ をクリックして開く

② 「Webページからデータを抽出する」アクションをフロー最下部にドラッグして追加する

③ 「Webブラウザーインスタンス」で変数「%Browser%」を選択する

④ 祝日・休日一覧ページを開いたMicrosoft Edgeのウィンドウをクリックしてアクティブにする

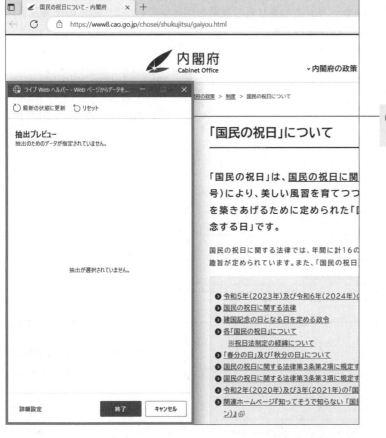

⑤ しばらく待つと「ライブWebヘルパー」画面が表示される

✓ COLUMN 「ライブWebヘルパー」画面が表示されていない場合

10秒待っても「ライブWebヘルパー」画面が表示されていない場合は、一度Microsoft Edgeを閉じ、「Webページからデータを抽出する」アクションの設定画面も閉じて、もう一度「Webページからデータを抽出する」アクションをワークスペースに追加するところからやり直してみましょう。また、Microsoft Edge に拡張機能がインストールされていない場合にも「ライブWebヘルパー」画面は表示されません。SECTION 36を参考に、拡張機能がインストールされているか確認してみましょう。

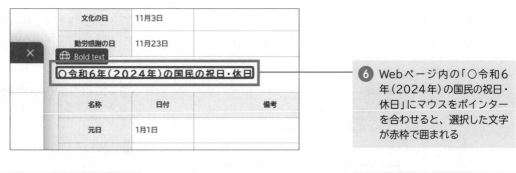

⑥ Webページ内の「○令和6年（2024年）の国民の祝日・休日」にマウスをポインターを合わせると、選択した文字が赤枠で囲まれる

⑦ 赤枠を右クリックする

⑧ 「要素の値を抽出」にマウスポインターを合わせる

⑨ 「テキスト」をクリックする

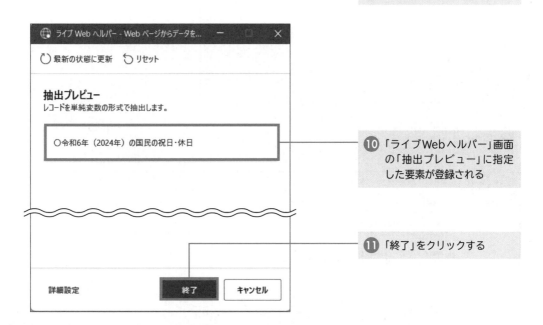

⑩ 「ライブWebヘルパー」画面の「抽出プレビュー」に指定した要素が登録される

⑪ 「終了」をクリックする

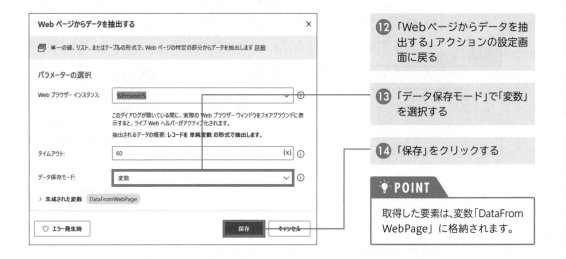

⑫ 「Webページからデータを抽出する」アクションの設定画面に戻る

⑬ 「データ保存モード」で「変数」を選択する

⑭ 「保存」をクリックする

💡 **POINT**

取得した要素は、変数「DataFromWebPage」に格納されます。

❯ フローを確認する

これで、「○令和6年（2024年）の国民の祝日・休日」というタイトルを変数として取り込むフローができました。Microsoft Edgeを閉じてから、フローデザイナーの▷をクリックして実行してみましょう。変数「DataFromWebPage」の中身を確認して、「○令和6年（2024年）の国民の祝日・休日」というテキストが取り込まれていれば成功です。

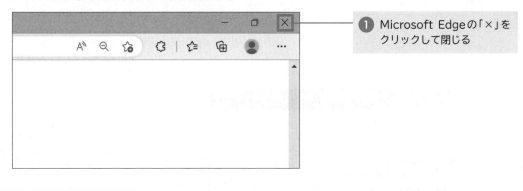

❶ Microsoft Edgeの「×」をクリックして閉じる

❷ ▷をクリックして実行する

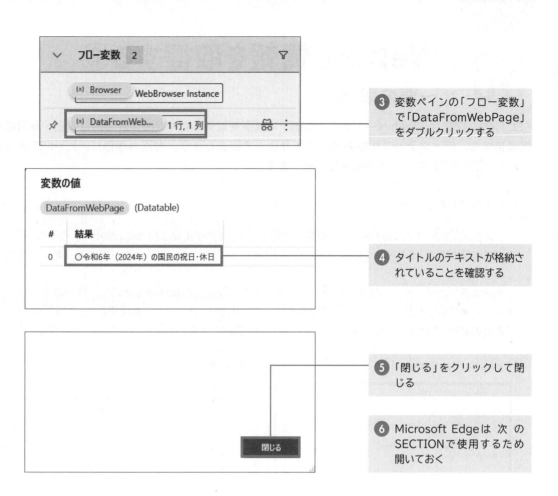

③ 変数ペインの「フロー変数」で「DataFromWebPage」をダブルクリックする

④ タイトルのテキストが格納されていることを確認する

⑤ 「閉じる」をクリックして閉じる

⑥ Microsoft Edge は 次 の SECTION で使用するため開いておく

> **⊘ COLUMN** Webページで取得できる様々な要素
>
> 今回は P.177 で、「要素の値を抽出」の「テキスト」を選択して、Web ページ上の文字情報を取り出しました。そのほかにも、リンクが設定されている要素では「Href」を選択するとリンク先の URL が取得でき、その取得した値を使ってリンク先にジャンプすることもできます。画像の要素では「Src」を選択すると、画像の URL がわかります。入力フォームなどでは「タイトル」を選択すると、その個所に設定されているタイトルが取得できます。

38 Webから情報を取得する②
〜表の取得

SECTION 37では、Webページから1つのテキストを取得しただけです。今度は祝日・休日の一覧表自体を、データテーブル型の変数に取り込んでみましょう。今回も同様に、「ライブWebヘルパー」画面を使用して、表の要素を取得します。

このSECTIONでやること

このSECTIONでは、Webページから表を取得します。SECTION 37と同じWebページを使用し、すでに取得した「○令和6年（2024年）の国民の祝日・休日」というタイトルの下にある表を取得しましょう。

表はまるごとデータとして抽出でき、データテーブル型の変数に格納できます。表の取得方法はテキストの場合と同じで、「Webページからデータを抽出する」アクションを使用します。データテーブル型の変数に取り込んでおけば、後でExcelのセル範囲に表を一度に書き込むことができます。

○令和6年（2024年）の国民の祝日・休日

名称	日付	備考
元日	1月1日	
成人の日	1月8日	
建国記念の日	2月11日	
休日	2月12日	祝日法第3条第2項による休日
天皇誕生日	2月23日	
春分の日	3月20日	
昭和の日	4月29日	
憲法記念日	5月3日	
みどりの日	5月4日	
こどもの日	5月5日	
休日	5月6日	祝日法第3条第2項による休日
海の日	7月15日	
山の日	8月11日	
休日	8月12日	祝日法第3条第2項による休日

変数の値

DataFromWebPage2　(Datatable)

#	名称	日付	備考
0	元日	1月1日	
1	成人の日	1月8日	
2	建国記念の日	2月11日	
3	休日	2月12日	祝日法第3条第2項による休日
4	天皇誕生日	2月23日	
5	春分の日	3月20日	
6	昭和の日	4月29日	
7	憲法記念日	5月3日	
8	みどりの日	5月4日	
9	こどもの日	5月5日	
10	休日	5月6日	祝日法第3条第2項による休日
11	海の日	7月15日	
12	山の日	8月11日	
13	休日	8月12日	祝日法第3条第2項による休日
14	敬老の日	9月16日	
15	秋分の日	9月22日	

Webページ上の表を取得する

❯ Webページの表を取得する

表のデータもテキストと同様に、「Webページからデータを抽出する」アクションで取り込みます。アクションの設定画面でMicrosoft Edgeのウィンドウが格納されている変数「Browser」を選択したうえで、Microsoft Edgeのウィンドウをアクティブにして「ライブWebヘルパー」画面を表示します。Webページ上の取得したい表の上で右クリックし、「HTMLテーブル全体を抽出する」をクリックすることで、表全体をデータテーブル型の変数に格納することができます。

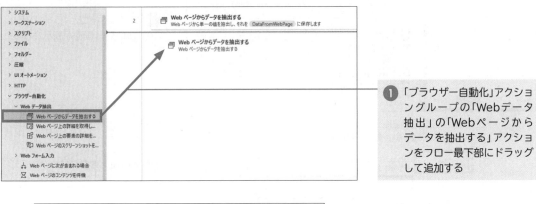

① 「ブラウザー自動化」アクショングループの「Webデータ抽出」の「Webページからデータを抽出する」アクションをフロー最下部にドラッグして追加する

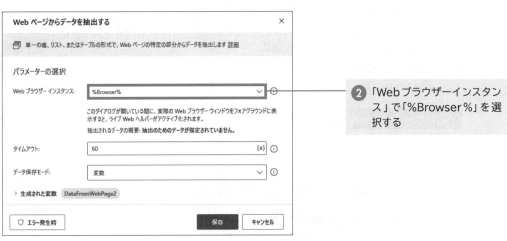

② 「Webブラウザーインスタンス」で「%Browser%」を選択する

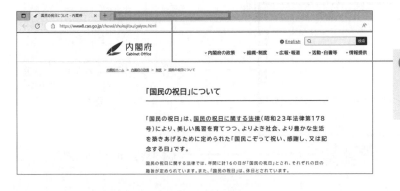

③ 祝日・休日一覧ページを開いたMicrosoft Edgeのウィンドウをクリックしてアクティブにする

④ しばらく待つと「ライブWeb
ヘルパー」画面が表示される

⑤ 表の左上を右クリックする

⑥ 「HTMLテーブル全体を抽出
する」をクリックする

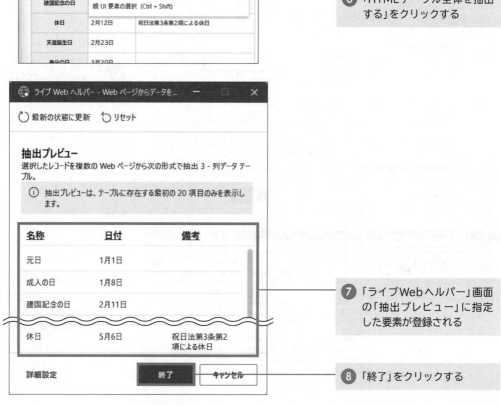

⑦ 「ライブWebヘルパー」画面
の「抽出プレビュー」に指定
した要素が登録される

⑧ 「終了」をクリックする

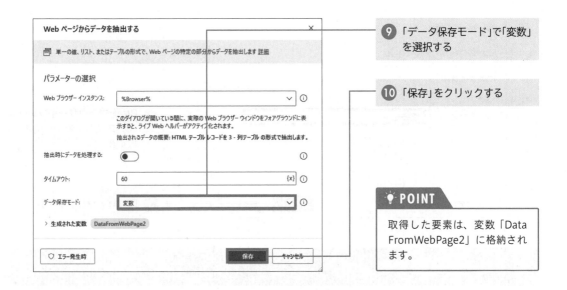

⑨ 「データ保存モード」で「変数」を選択する

⑩ 「保存」をクリックする

✅ COLUMN Webで取り込んだ日付データをExcelに転記する際の注意点

「1/20」「1月20日」のような年を含まない文字列をWebページから取得して、これをExcelに転記した場合、年が日付データとして追加されます。実際に取得時点の年が正しければ問題ありませんが、別の年の情報を取得した場合は、日付データが正しくないものになってしまいます。Webページから値を読み込んだ時点では文字列データのままですが、Excelに入力したとたんに、自動的に、現在の年の情報が付与されてしまうからです。Excelに書き込んだ日付が、年がない月日だけの表示になっていると、このことを見落としてしまうこともあるでしょう。Excelに転記した後に、データをきちんと確認することが重要です。

❯ Microsoft Edgeを閉じる

　これで情報を取り出せたため、Microsoft Edgeは不要になりました。Microsoft Edgeを閉じるため、「ブラウザー自動化」アクショングループの「Webブラウザーを閉じる」アクションを追加して、Microsoft Edgeのウィンドウが格納されている変数「Browser」を指定しましょう。

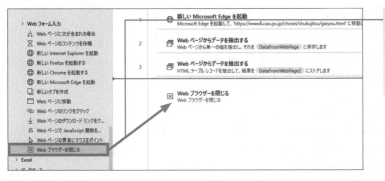

① 「ブラウザー自動化」アクショングループの「Webブラウザーを閉じる」アクションをフロー最下部にドラッグして追加する

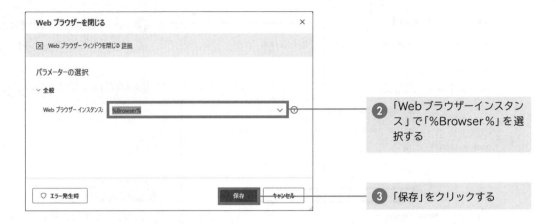

② 「Webブラウザーインスタンス」で「%Browser%」を選択する

③ 「保存」をクリックする

❯ フローを確認する

　これで、祝日・休日の一覧表をデータテーブル型の変数として取り込むことができました。Microsoft Edgeを閉じてから、フローデザイナーの▷をクリックして実行してみましょう。変数「DataFromWebPage2」の中身を確認して、表の内容が取り込まれていれば成功です。

① ▷をクリックして実行する

保存	▷ 実行	□ 停止　▷ 次のアクションを...　◉ レコーダー

	サブフロー ∨	Main

1	🌐 新しい Microsoft Edge を起動 Microsoft Edge を起動して、'https://www8.cao.go.jp/chosei/shukujitsu/gaiyou.html' に移動し、インスタンスを Browser に保存します
2	📋 Web ページからデータを抽出する Web ページから単一の値を抽出し、それを DataFromWebPage に保存します
3	📋 Web ページからデータを抽出する HTML テーブル レコードを抽出して、結果を DataFromWebPage2 にストアします
4	☒ Web ブラウザーを閉じる Web ブラウザー Browser を閉じる

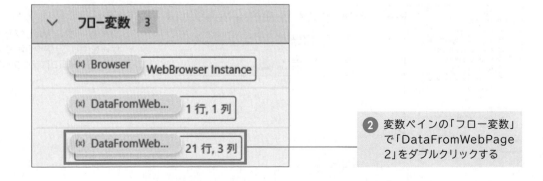

② 変数ペインの「フロー変数」で「DataFromWebPage2」をダブルクリックする

CHAPTER

7

Webを操作しよう

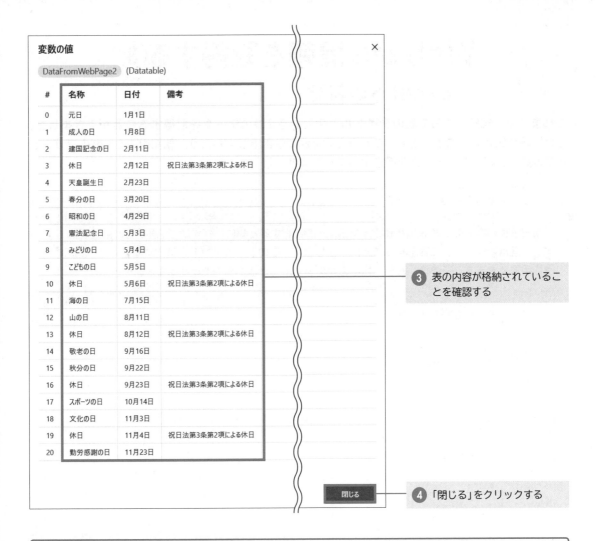

変数の値　　　　　　　　　　　　　　　　　×

DataFromWebPage2 (Datatable)

#	名称	日付	備考
0	元日	1月1日	
1	成人の日	1月8日	
2	建国記念の日	2月11日	
3	休日	2月12日	祝日法第3条第2項による休日
4	天皇誕生日	2月23日	
5	春分の日	3月20日	
6	昭和の日	4月29日	
7	憲法記念日	5月3日	
8	みどりの日	5月4日	
9	こどもの日	5月5日	
10	休日	5月6日	祝日法第3条第2項による休日
11	海の日	7月15日	
12	山の日	8月11日	
13	休日	8月12日	祝日法第3条第2項による休日
14	敬老の日	9月16日	
15	秋分の日	9月22日	
16	休日	9月23日	祝日法第3条第2項による休日
17	スポーツの日	10月14日	
18	文化の日	11月3日	
19	休日	11月4日	祝日法第3条第2項による休日
20	勤労感謝の日	11月23日	

3 表の内容が格納されていることを確認する

閉じる

4 「閉じる」をクリックする

☑ COLUMN　Webページの構造

Power Automateは、Webページ上の要素を、見た目の文字や色などで区別しているわけではありません。Webサイトの構造を見て、要素を判別しています。WebサイトはHTMLタグで構成されています。HTMLタグは、入力されている文字列ごとに、「セクション」や「大見出し」、「小見出し」などのタイトル、「本文」などとカテゴリー分けをしています。こうした構造を分析して、「全体のうち、上から3番目のセクションの、2番目の大見出しの、4番目の小見出しの、下の本文」といったように、要素を探していきます。このように構造で要素を指定しているため、常に同じ場所を指定でき、たとえその中の文字が変わっても、常に取得し続けることができます。

ただし、Webページの要素の順番まで変更されてしまえば、当初指定したものと変わってしまうため、想定通りのデータになりません。また、要素自体が全く別のWebページに移されてしまえば、正しく動作しなくなってしまいます。いつもきちんとWebページから要素を取得できていたにもかかわらず、あるタイミングからエラーが出るようになったなら、まずは参照元のWebページに構造的な変更がないかを確認するとよいでしょう。

39 Webから情報を取得する③
～Excelへの転記

これまでに、祝日・休日の表のタイトルと表という2つのデータを取得することができました。その情報を見える形にするため、これらをExcelに書き出しましょう。転記用のExcelのブックを新規作成し、取得したデータを書き出していきます。

このSECTIONでやること

祝日・休日の表のタイトルと表の値をExcelに転記するために、まずは転記先のExcelを起動します。今回は新規ブックに転記することにしましょう。空のドキュメントを指定することで、新規ブックを用意できます。その後、祝日・休日の表のタイトルと表の値をExcelに書き込みます。

	A	B	C	D	E	F	G	H	I	J	K	L	M
1	○令和6年（2024年）の国民の祝日・休日												
2	元日	1月1日											
3	成人の日	1月8日											
4	建国記念の	2月11日											
5	休日	2月12日	祝日法第3条第2項による休日										
6	天皇誕生E	2月23日											
7	春分の日	3月20日											
8	昭和の日	4月29日											
9	憲法記念E	5月3日											
10	みどりの日	5月4日											
11	こどもの日	5月5日											
12	休日	5月6日	祝日法第3条第2項による休日										
13	海の日	7月15日											
14	山の日	8月11日											

● Excelを開く

まずは、「Excel」アクショングループの「Excelの起動」アクションで新しくExcelブックを開きます。アクションの設定画面では、「Excelの起動」で「空のドキュメントを使用」を選択しましょう。

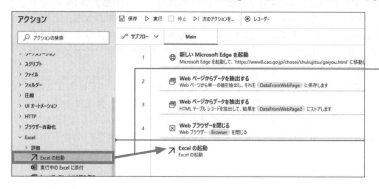

① 「Excel」アクショングループの「Excelの起動」アクションをフロー最下部にドラッグして追加する

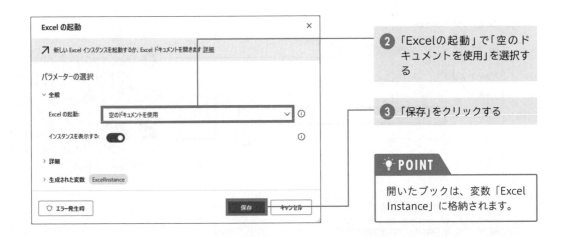

② 「Excelの起動」で「空のドキュメントを使用」を選択する

③ 「保存」をクリックする

❯ Webで取得したデータをExcelに転記する

「Excel」アクショングループの「Excelワークシートに書き込む」アクションで、取得したデータをExcelに転記していきます。まずは、表のタイトルをセルA1に書き込みましょう。表のタイトルは変数「DataFromWebPage」に格納されているため、設定画面でこの変数を指定します。なお、コピーと貼り付けではなく、変数を「書き込む」ことで、転記を行います。

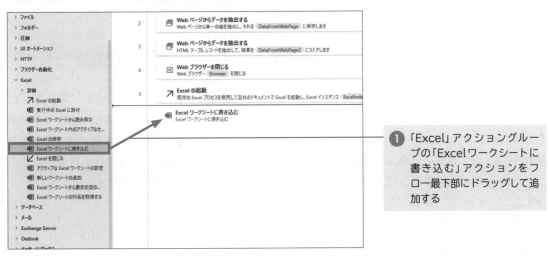

① 「Excel」アクショングループの「Excelワークシートに書き込む」アクションをフロー最下部にドラッグして追加する

CHAPTER

7

Webを操作しよう

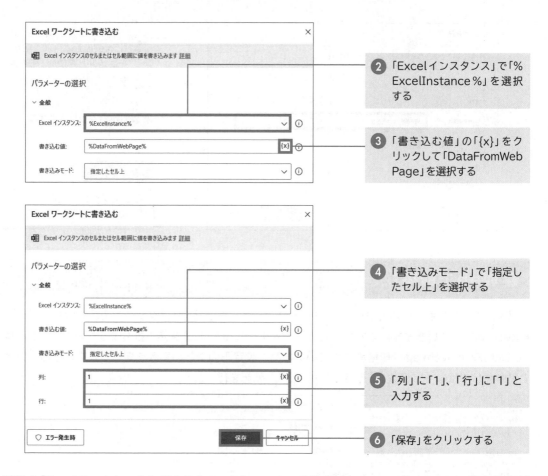

② 「Excel インスタンス」で「％ ExcelInstance ％」を選択する

③ 「書き込む値」の「{x}」をクリックして「DataFromWebPage」を選択する

④ 「書き込みモード」で「指定したセル上」を選択する

⑤ 「列」に「1」、「行」に「1」と入力する

⑥ 「保存」をクリックする

同じく「Excel ワークシートに書き込む」アクションで、変数「DataFromWebPage2」に取り込んだ表を書き込みます。データテーブル型の変数を Excel に書き込むと、その表の縦横の大きさのまま書き込まれます。表のタイトルは縦横1つの内容なので1つのセルに書き込まれますが、表は横3列で縦10行以上の大きさのため、Excel に書き込むと3列10行以上のセル範囲に書き込まれます。表のタイトルはセル A1 に書き込むようにしたため、セル A2 を起点とした3列に表を書き込みます。

① 「Excel」アクショングループの「Excel ワークシートに書き込む」アクションをフロー最下部にドラッグして追加する

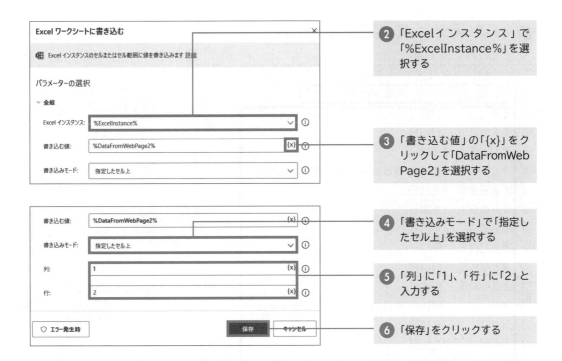

②「Excelインスタンス」で「%ExcelInstance%」を選択する

③「書き込む値」の「{x}」をクリックして「DataFromWebPage2」を選択する

④「書き込みモード」で「指定したセル上」を選択する

⑤「列」に「1」、「行」に「2」と入力する

⑥「保存」をクリックする

❯ フローを確認する

　これで、Webページから取得した表のタイトルと表をExcelに転記するフローが完成しました。フローデザイナーの ▷ をクリックして実行してみましょう。最終的にExcelが表示され、セルA1に表のタイトル、セルA2以下に祝日・休日の一覧表が転記されたら成功です。

① ▷ をクリックして実行する

② セルA1に表のタイトルが転記されることを確認する

	A	B	C	D	E	F
1	〇令和6年（2024年）の国民の祝日・休日					
2	元日	1月1日				
3	成人の日	1月8日				
4	建国記念の	2月11日				
5	休日	2月12日	祝日法第3条第2項による休日			
6	天皇誕生E	2月23日				
7	春分の日	3月20日				
8	昭和の日	4月29日				
9	憲法記念E	5月3日				
10	みどりのE	5月4日				
11	こどものE	5月5日				
12	休日	5月6日	祝日法第3条第2項による休日			
13	海の日	7月15日				
14	山の日	8月11日				
15	休日	8月12日	祝日法第3条第2項による休日			
16	敬老の日	9月16日				
17	秋分の日	9月22日				
18	休日	9月23日	祝日法第3条第2項による休日			
19	スポーツσ	10月14日				
20	文化の日	11月3日				
21	休日	11月4日	祝日法第3条第2項による休日			
22	勤労感謝σ	11月23日				
23						

③ セルA2を起点としたセル範囲に祝日・休日の一覧表が転記されることを確認する

POINT

2024年以外の年にフローを実行し、Excelで年も含めて活用する場合、B列の年を修正する必要があります。

COLUMN 祝日・休日の活用法

祝日・休日は、その国ごとに決められているものです。また、様々な事情から、突然新たに追加されたり日が移動したりすることが起きます。そのような背景からExcelでは、基本的には関数や機能で祝日・休日の日付一覧を取得することはできません。しかし、祝日・休日の情報を使って営業日を考慮した納期の日付を計算できるWORKDAY関数が用意されており、祝日・休日の一覧表を作成しておけば、これらを除いた営業日で計算することができます。今回作成した祝日・休日の一覧表は、このWORKDAY関数を活用するうえでも役立つでしょう。

40 Webに連続アクセスする①
～繰り返し

農林水産省のWebサイトに、毎月の牛乳乳製品の統計情報が掲載されており、月ごとに個別の Webページが設けられています。そこで、令和4年1月～12月までの牛乳乳製品の統計情報ページを連続表示するというフローに挑戦してみましょう。

> ### このSECTIONでやること
>
> 農林水産省の牛乳乳製品統計の「令和4年1月」のWebページは「https://www.maff.go.jp/j/tokei/kekka_gaiyou/gyunyu_tyosa/gyunyu_m/r4/m1/index.html」です。末尾に「/r4/m1/index. html」とありますが、「r」に続く数字が「年」を、「m」に続く数字が「月」を表しており、そのほかの年月のWebページも同様です。例えば「/r4/m12/index.html」なら、「令和4年12月」のWebページです。そこで、繰り返し処理を使用して、この「r4/m●/index.html」の「●」の数字を1～12まで繰り返し変更し、令和4年1月～12月の各Webページに、順番にアクセスするようにしましょう。ここから2つのSECTIONにわたってフローを作成し、最終的には、特定の条件に合致するWebページのスクリーンショットを保存できるようにしましょう。

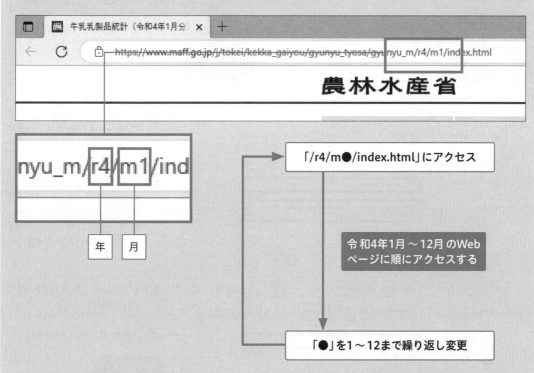

このSECTIONではまず、令和4年1月～12月の各Webページに、順番にアクセスするフローを作成します。

❯ Microsoft Edgeを起動する

　まずは「新しいMicrosoft Edgeを起動」アクションで、Microsoft Edgeを起動しましょう。起動時のWebページは必ず指定しなければならないので、設定画面の「初期URL」は、令和4年1月の牛乳乳製品統計ページを指定しましょう。ただし、この後繰り返し処理の中でも1月のWebページからアクセスし始めるため、初期URLは、どのWebページでも構いません。

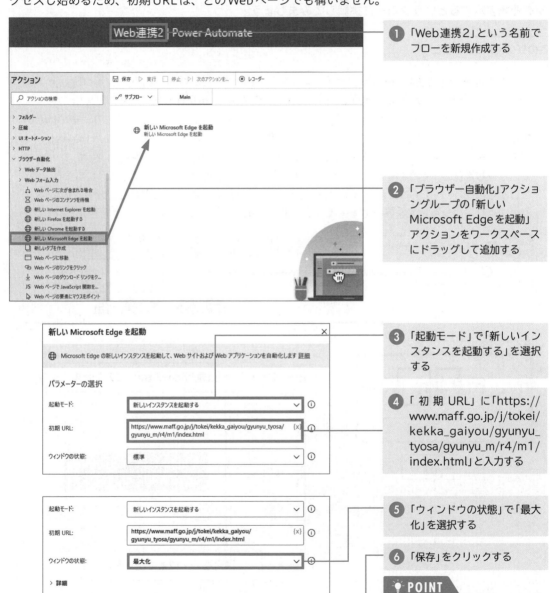

❶「Web連携2」という名前で
フローを新規作成する

❷「ブラウザー自動化」アクショングループの「新しいMicrosoft Edgeを起動」アクションをワークスペースにドラッグして追加する

❸「起動モード」で「新しいインスタンスを起動する」を選択する

❹「初期URL」に「https://www.maff.go.jp/j/tokei/kekka_gaiyou/gyunyu_tyosa/gyunyu_m/r4/m1/index.html」と入力する

❺「ウィンドウの状態」で「最大化」を選択する

❻「保存」をクリックする

POINT

起動したMicrosoft Edgeは、変数「Browser」に格納されます。

CHAPTER
7

Webを操作しよう

❯ 繰り返し処理する

今回は、URL末尾の「/r4/m●/index.html」の「●」を、1から12まで繰り返し変更するようにします。「Loop」アクションを使用すると、繰り返しの回数が変数「LoopIndex」に格納されて増えていくので、この変数を活用します。「Loop」アクションの設定画面では、「開始」は「1」、「終了」は「12」、増加量を示す「増分」は「1」と指定しましょう。

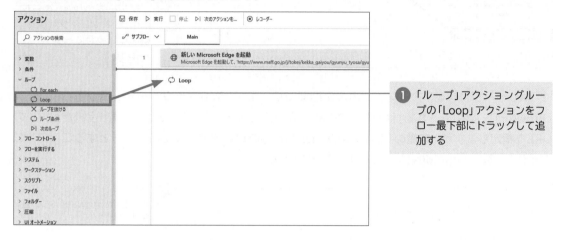

❶ 「ループ」アクショングループの「Loop」アクションをフロー最下部にドラッグして追加する

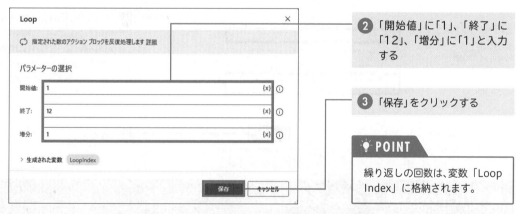

❷ 「開始値」に「1」、「終了」に「12」、「増分」に「1」と入力する

❸ 「保存」をクリックする

💡 POINT

繰り返しの回数は、変数「LoopIndex」に格納されます。

❯ 各月のWebページにアクセスする

繰り返しの回数が格納される変数「LoopIndex」を、URL末尾の「/r4/m●/index.html」の「●」に指定すれば、各月のWebページに次々にアクセスすることができます。ただ、繰り返しのたびに新たなMicrosoft Edgeを開くと、最終的に12ものウィンドウが開いてしまいます。そこで、現在開いているMicrosoft Edgeで別のWebページに移動できる、「ブラウザー自動化」アクショングループの「Webページに移動」アクションを使いましょう。このアクションを「Loop」アクション内にはさみ込んで繰り返し処理します。

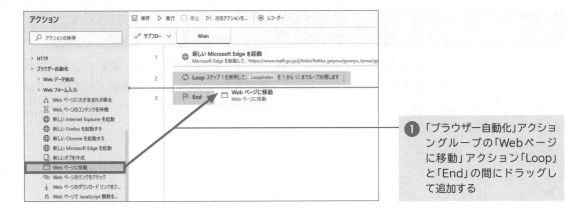

① 「ブラウザー自動化」アクショングループの「Webページに移動」アクション「Loop」と「End」の間にドラッグして追加する

「Webページに移動」アクションの設定画面では、まず「Webブラウザーインスタンス」で変数「Browser」を指定し、「移動」は「URLに移動」のままにします。「URL」では牛乳乳製品統計ページのURLを指定しますが、末尾の「/r4/m●/index.html」の「●」を「%LoopIndex%」とすることで、この部分を変数「LoopIndex」によって1〜12まで変化させましょう。

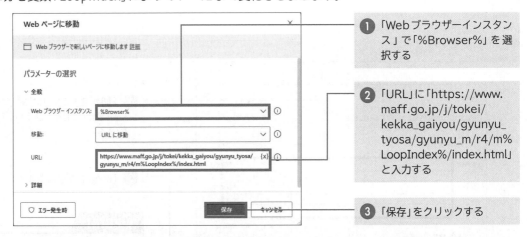

① 「Webブラウザーインスタンス」で「%Browser%」を選択する

② 「URL」に「https://www.maff.go.jp/j/tokei/kekka_gaiyou/gyunyu_tyosa/gyunyu_m/r4/m%LoopIndex%/index.html」と入力する

③ 「保存」をクリックする

❷ Microsoft Edgeを閉じる

最後に、「Webブラウザーを閉じる」アクションでMicrosoft Edgeを閉じましょう。

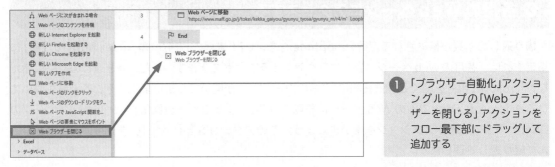

① 「ブラウザー自動化」アクショングループの「Webブラウザーを閉じる」アクションをフロー最下部にドラッグして追加する

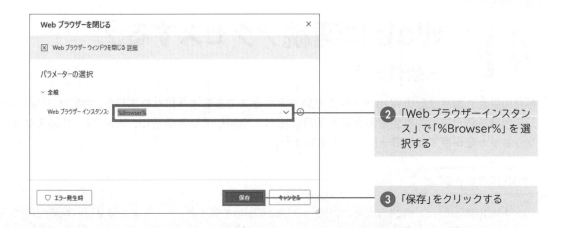

② 「Webブラウザーインスタンス」で「%Browser%」を選択する

③ 「保存」をクリックする

❷ フローを確認する

これで、農林水産省の令和4年1月〜12月の牛乳乳製品統計ページに、次々とアクセスできるフローになりました。フローデザイナーの▷をクリックして実行してみましょう。Microsoft Edgeが起動し、令和4年の毎月のWebページが順に表示され、最後にMicrosoft Edgeが終了すれば成功です。

① ▷をクリックして実行する

② 毎月のWebページが表示されることを確認する

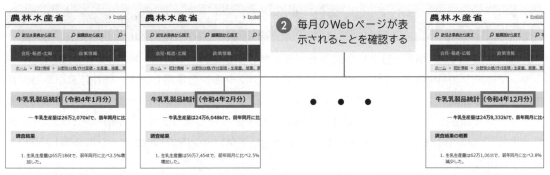

41 Webに連続アクセスする②
～条件分岐

各月の牛乳乳製品統計のWebページに連続でアクセスできるようになりました。今度は、Webページの内容を調べて、牛乳生産量が前年同月に比べて増加している場合に、Webページのスクリーンショットを保存するフローにしてみましょう。

このSECTIONでやること

　牛乳乳製品統計の令和4年1月のWebページの見出しを見ると、「― 牛乳生産量は～前年同月に比べ1.0％増加 ―」と表示されています。また、令和4年3月のWebページでは、「― 牛乳生産量は～前年同月に比べ0.1％減少 ―」と表示されています。このように各月のWebページの見出しの最後に「増加 ―」か「減少 ―」と書いてあり、ここを調べればその月の牛乳生産量の増減を判断できます。そこで、条件分岐を使い、Webページに「増加 ―」が含まれる場合にWebページ全体のスクリーンショットを保存するフローにしてみましょう。なお、あらかじめ「Cドライブ」内に「PAD_Web」フォルダーを作成しておいてください。

❯ 条件分岐で「増加 ―」があるか調べる

　Webページの中に「増加 ―」という文字列があるかどうかを調べるには、「ブラウザー自動化」アクショングループの「Webページに次が含まれる場合」アクションを使用します。「End」アクションが付随する条件分岐アクションの1つであるため、このアクション内にスクリーンショットを取得するアクションをはさみ込んで、条件に合致する場合に動くようにしましょう。「Webページに次が含まれる場合」アクションも繰り返し処理するため、「Loop」アクション内の「Webページに移動」アクションの下に追加します。

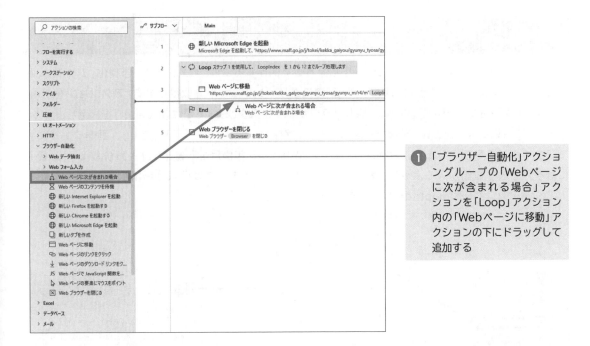

①「ブラウザー自動化」アクショングループの「Webページに次が含まれる場合」アクションを「Loop」アクション内の「Webページに移動」アクションの下にドラッグして追加する

アクションの設定画面では、まず「Webブラウザーインスタンス」で、起動中のMicrosoft Edgeが格納されている変数「Browser」を指定します。「Webページを確認する」で「テキストを含む」を選択して条件となるテキストが指定できるようにし、「テキスト」に「増加 ―」と入力しましょう。これで、Webページに「増加 ―」が含まれる場合に、アクション内の処理を実行するようになります。

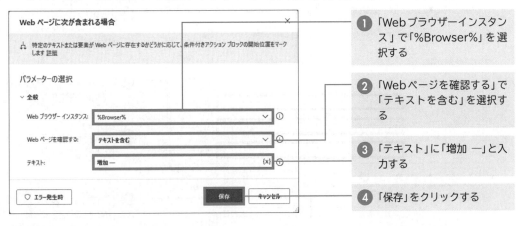

①「Webブラウザーインスタンス」で「%Browser%」を選択する

②「Webページを確認する」で「テキストを含む」を選択する

③「テキスト」に「増加 ―」と入力する

④「保存」をクリックする

⊘ COLUMN　**記号の種類に要注意**

今回条件に指定した「―」という記号に類似した記号は多く、「-」など違うものを指定してしまうと検索することができません。そのため、正確に入力する必要があります。目で見て判断して手入力すると間違いが発生しやすいため、実際のWebページ上の文字をコピーして貼り付けることを推奨します。

❯ スクリーンショットを取得する

　Webページ全体のスクリーンショットを画像として保存するには、「ブラウザー自動化」アクショングループの「Webデータ抽出」の「Webページのスクリーンショットを取得します」アクションを使用します。アクションの設定画面では、「Webブラウザーインスタンス」で変数「Browser」を指定し、「キャプチャ」で「Webページ全体」を選択しましょう。「保存モード」は「ファイル」とし、「画像ファイル」でファイルパスを指定します。今回は「C:\PAD_Web\2022年●月生産量.png」としましょう。「●」には各月を表す数値が入るように、繰り返し回数が格納されている変数「LoopIndex」を入れ、「C:\PAD_Web\2022年%LoopIndex%月生産量.png」とします。

① 「ブラウザー自動化」アクショングループの「Webデータ抽出」の「Webページのスクリーンショットを取得します」アクションを「Webページに次が含まれる場合」と「End」の間にドラッグして追加する

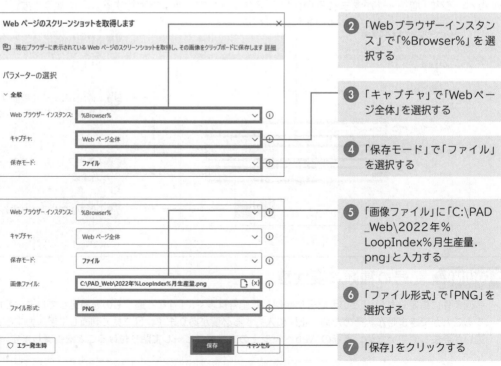

② 「Webブラウザーインスタンス」で「%Browser%」を選択する

③ 「キャプチャ」で「Webページ全体」を選択する

④ 「保存モード」で「ファイル」を選択する

⑤ 「画像ファイル」に「C:\PAD_Web\2022年%LoopIndex%月生産量.png」と入力する

⑥ 「ファイル形式」で「PNG」を選択する

⑦ 「保存」をクリックする

❯ フローを確認する

これで、令和4年1月〜12月の牛乳乳製品統計ページのうち、前年同月に対して牛乳生産量が増加しているWebページのスクリーンショットを保存するフローが完成しました。フローデザイナーの▷をクリックして実行してみましょう。

「Cドライブ」内の「PAD_Web」フォルダーに、「2022年1月生産量.png」「2022年2月生産量.png」「2022年4月生産量.png」「2022年8月生産量.png」が保存されれば成功です。もしエラーが発生した場合は、あらかじめ「Cドライブ」内に「PAD_Web」フォルダーを作成したか確認してください。

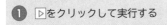
① ▷をクリックして実行する

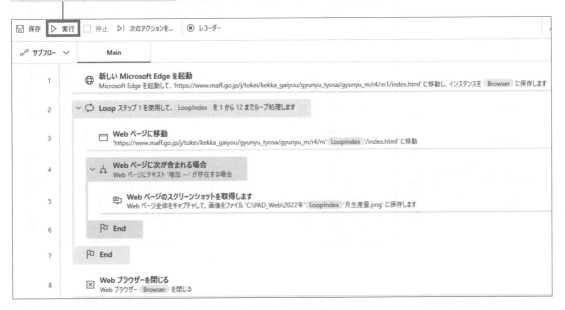

💾 保存	▷ 実行	⊓ 停止　▷⎮ 次のアクションを…　◉ レコーダー

| ✍ サブフロー ⌄ | | Main |

1	🌐	**新しい Microsoft Edge を起動** Microsoft Edge を起動して、'https://www.maff.go.jp/j/tokei/kekka_gaiyou/gyunyu_tyosa/gyunyu_m/r4/m1/index.html' に移動し、インスタンスを Browser に保存します
2	⌄ 🔁	**Loop** ステップ1を使用して、 LoopIndex を1から12までループ処理します
3	🗔	**Web ページに移動** 'https://www.maff.go.jp/j/tokei/kekka_gaiyou/gyunyu_tyosa/gyunyu_m/r4/m' LoopIndex '/index.html' に移動
4	⌄ ⚗	**Web ページに次が含まれる場合** Web ページにテキスト '増加 —' が存在する場合
5	📷	**Web ページのスクリーンショットを取得します** Web ページ全体をキャプチャして、画像をファイル 'C:\PAD_Web\2022年' LoopIndex '月生産量.png' に保存します
6	🏳 End	
7	🏳 End	
8	⊠	**Web ブラウザーを閉じる** Web ブラウザー Browser を閉じる

② 各月の牛乳乳製品統計ページが順に表示されていくことを確認する

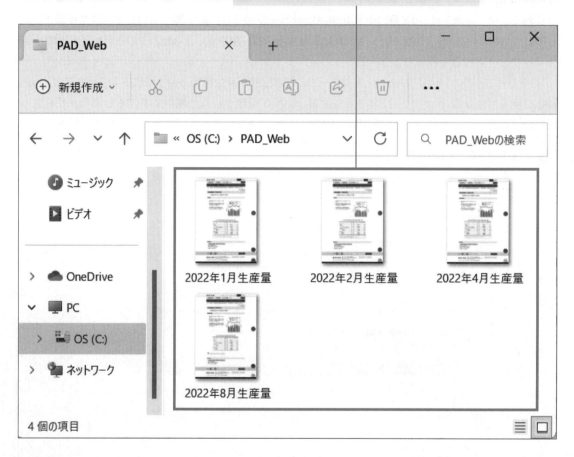

③ 「PAD_Web」フォルダーに4つのスクリーン
ショットが保存されていることを確認する

⊘ COLUMN　Web操作の弱点

今回作成したフローで実現できたように、Power AutomateでWebを操作すれば、インターネット上の情報をExcelに蓄積したり、スクリーンショットを画像で保存したり、Webページの一覧表を変数に取り込んで活用したりできます。しかし、それぞれのWebページは、Webページの管理者が、いつでも自由に変更したり削除したりできるものです。Webページが変更されれば、Power Automateの要素などを再設定する必要が出てくるかもしれませんし、Webページが削除されればフローが完全に機能しなくなるでしょう。

こうした変更や削除は、Webページの管理者が独自に行うものであり、それがいつ起きるかはわかりません。ついさっきまで動いていたフローが、今では動かないということもしばしば起こります。Power AutomateでWeb操作を行っていて、もしあるタイミングからフローが正しく機能しなった場合、参照先になっているWebページに手動でアクセスし、変更や削除が行われていないかを確認し、対処しましょう。また、こうしたトラブルが発生しかねないため、予期しないエラーが発生してもよい作業でのみ、外部サイトのWeb操作を行うようにしましょう。

42 ExcelからWebにデータを入力する

これまでWebから情報を取り込むフローを作成してきましたが、逆にWebページに入力したり、Webページ上のボタンを押したりすることもできます。今回は、Excelにまとめた情報を、Webフォームに入力していくフローを作成しましょう。

> **このSECTIONでやること**

　購入すると懸賞に応募できる飲料があるとします。その飲料の購入情報をExcelにまとめてあるため、そのExcelのデータを懸賞応募のWebフォームに入力するフローを作成しましょう。懸賞応募のWebフォームでは、テキストの入力だけでなく、ドロップダウンリストやラジオボタンの選択、ボタンのクリックも行います。

　Excelのデータの1行分で、1回の応募が可能です。そこで、Excelのデータをデータテーブル型の変数に取り込み、その変数の行数分、繰り返し処理を行い、変数の値を懸賞応募のWebフォームに入力していきます。

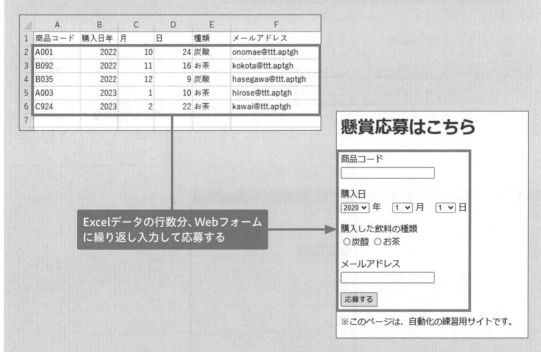

	A	B	C	D	E	F
1	商品コード	購入日年	月	日	種類	メールアドレス
2	A001	2022	10	24	炭酸	onomae@ttt.aptgh
3	B092	2022	11	16	お茶	kokota@ttt.aptgh
4	B035	2022	12	9	炭酸	hasegawa@ttt.aptgh
5	A003	2023	1	10	お茶	hirose@ttt.aptgh
6	C924	2023	2	22	お茶	kawai@ttt.aptgh
7						

Excelデータの行数分、Webフォームに繰り返し入力して応募する

懸賞応募はこちら

商品コード

購入日
2020 ∨ 年　1 ∨ 月　1 ∨ 日

購入した飲料の種類
○炭酸　○お茶

メールアドレス

応募する

※このページは、自動化の練習用サイトです。

　フローを作成する前に、「Cドライブ」内に「PAD_Web」フォルダーを用意し、飲料の購入情報がまとめられた「応募.xlsx」を入れておいてください。また、あらかじめMicrosoft Edgeを起動し、懸賞応募のWebフォーム「https://www.fom.fujitsu.com/goods/downloads/data/fpt2223/oubo.html」を開いておきましょう。

CHAPTER

7

Webを操作しよう

● UI要素を登録する

テキストフィールドやドロップダウンリストなど、Webページ上の操作対象となる要素のことを、UI要素と呼びます。まずは、今回の操作対象となるUI要素をあらかじめフローに登録して、UI要素を指定できるようにしましょう。

UI要素の管理は、UI要素ペインから行います。メニューバーの「表示」から「UI要素」をクリックし、UI要素ペインを表示しましょう。

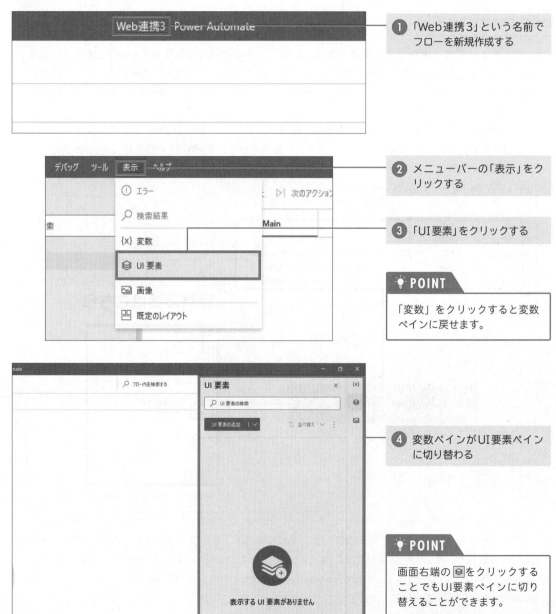

① 「Web連携3」という名前でフローを新規作成する

② メニューバーの「表示」をクリックする

③ 「UI要素」をクリックする

> **POINT**
>
> 「変数」をクリックすると変数ペインに戻せます。

④ 変数ペインがUI要素ペインに切り替わる

> **POINT**
>
> 画面右端の 🗁 をクリックすることでもUI要素ペインに切り替えることができます。

UI要素ペインで「UI要素の追加」をクリックすると表示される「UI要素ピッカー」画面で、個々の
UI要素を登録していきます。「UI要素ピッカー」画面が表示された状態で、対象となるWebページを
Microsoft Edgeで表示し、「Ctrl」キーを押しながらUI要素をクリックして登録していきます。間違
いやすい操作なので、操作は慎重に行ってください。

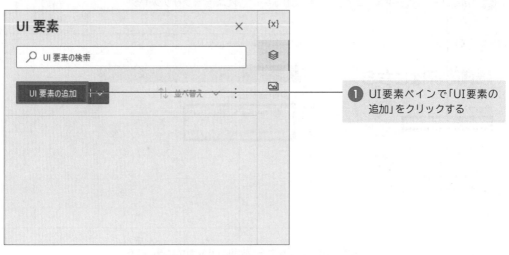

❶ UI要素ペインで「UI要素の
　追加」をクリックする

❷ 「UI要素ピッカー」画面が表
　示される

❸ 懸賞応募のWebフォーム
　「https://www.fom.
　fujitsu.com/goods/
　downloads/data/fpt
　2223/oubo.html」を開いた
　Microsoft Edgeのウィン
　ドウをアクティブにする

> **POINT**
>
> 「UI要素ピッカー」画面が表示
> されていると、マウスポイン
> ターが乗っているUI要素が赤
> 枠で囲まれます。

懸賞応募のWebフォームの、「商品コード」のテキストフィールドにマウスポインターを合わせて赤枠を表示し、「Ctrl」キーを押したままクリックします。すると、「UI要素ピッカー」画面にクリックしたUI要素が登録されます。

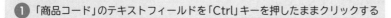
① 「商品コード」のテキストフィールドを「Ctrl」キーを押したままクリックする

② 「UI要素ピッカー」画面にUI要素が登録される

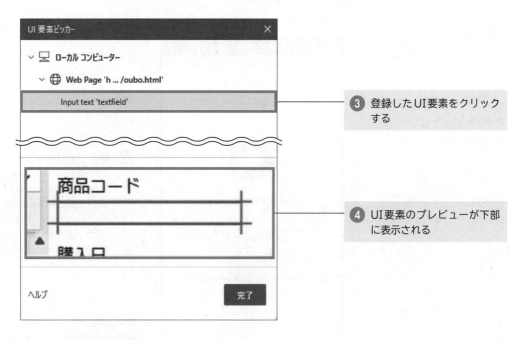

③ 登録したUI要素をクリックする

④ UI要素のプレビューが下部に表示される

「UI要素ピッカー」画面を表示したまま、「購入日」の「年」「月」「日」のドロップダウンリスト、「購入した飲料の種類」の「炭酸」「お茶」のラジオボタン、「メールアドレス」のテキストフィールド、「応募する」ボタンを、同様に「Ctrl」キーを押したままクリックして登録しましょう。UI要素の登録がすべて完了したら、「完了」をクリックして「UI要素ピッカー」画面を閉じます。

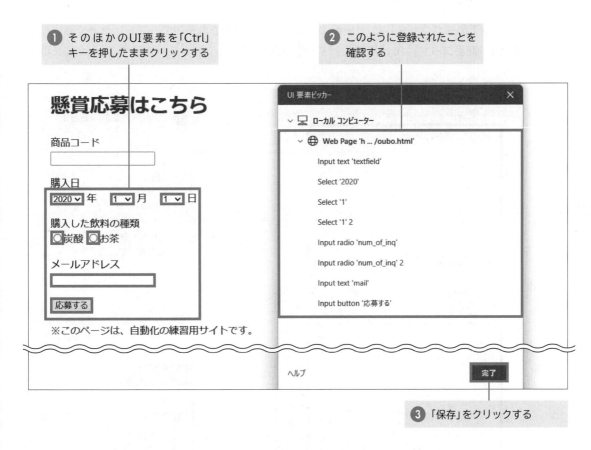

① そのほかのUI要素を「Ctrl」キーを押したままクリックする

② このように登録されたことを確認する

③「保存」をクリックする

フローデザイナーに戻ってきます。UI要素ペインに、登録したUI要素が一覧表示されています。このUI要素を右クリックし、「名前の変更」をクリックすると、UI要素の名前を変更できます。

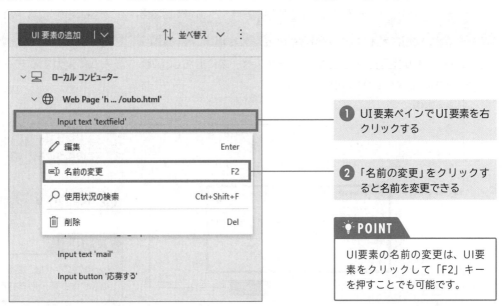

① UI要素ペインでUI要素を右クリックする

②「名前の変更」をクリックすると名前を変更できる

POINT

UI要素の名前の変更は、UI要素をクリックして「F2」キーを押すことでも可能です。

UI要素ペイン下部にクリックしたUI要素のプレビューが表示されるので、プレビューで確認しながら、それぞれ「商品コード」「年」「月」「日」「炭酸」「お茶」「メールアドレス」「応募する」と名前を付けます。

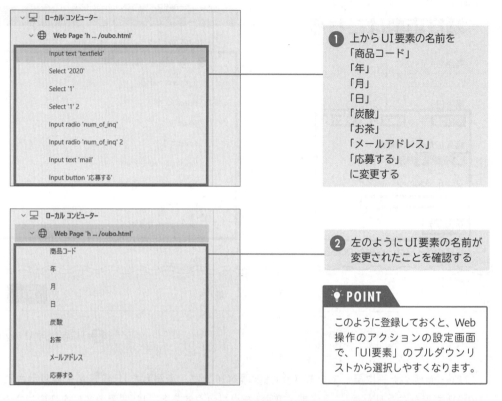

① 上からUI要素の名前を
「商品コード」
「年」
「月」
「日」
「炭酸」
「お茶」
「メールアドレス」
「応募する」
に変更する

② 左のようにUI要素の名前が変更されたことを確認する

POINT

このように登録しておくと、Web操作のアクションの設定画面で、「UI要素」のプルダウンリストから選択しやすくなります。

❷ Excelからデータを取得する

次に、「Excelの起動」アクションをワークスペースに追加し、Webフォームに入力するデータが入った「応募.xlsx」を開くように設定します。

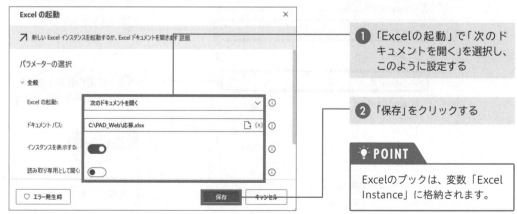

① 「Excelの起動」で「次のドキュメントを開く」を選択し、このように設定する

② 「保存」をクリックする

POINT

Excelのブックは、変数「Excel Instance」に格納されます。

続いて、「Excelワークシートから読み取る」アクションをフロー最下部に追加し、Excelのデータをデータテーブル型の変数に取り込みます。「Excelインスタンス」は「%ExcelInstance%」、「取得」は「セル範囲の値」、「先頭列」は「1」、「先頭行」は「2」、「最終列」は「6」、「最終行」は「6」となります。

なお、Excelの最終列と最終行を自動で読み取って指定することもできます。その場合は、「Excel」アクショングループの「Excelワークシートから最初の空の列や行を取得」アクションで最初の空白の列と行を取得し、空白列の入った変数「FirstFreeColumn」-1を「最終列」、空白行の入った変数「FirstFreeRow」-1を「最終行」に指定します。

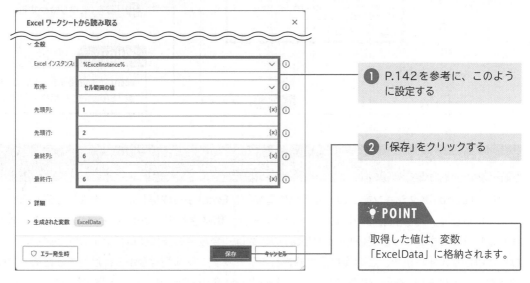

❶ P.142を参考に、このように設定する

❷ 「保存」をクリックする

POINT
取得した値は、変数「ExcelData」に格納されます。

「Excelを閉じる」アクションをフロー最下部に追加し、「ドキュメントを保存しない」を選択してExcelブックを閉じます。

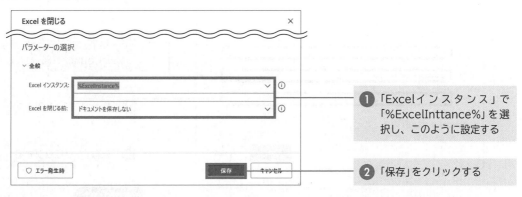

❶ 「Excelインスタンス」で「%ExcelInttance%」を選択し、このように設定する

❷ 「保存」をクリックする

❯ Microsoft Edgeを起動する

次に、「新しいMicrosoft Edgeを起動」アクションをフロー最下部に追加し、Microsoft Edgeを起動します。

「初期URL」には懸賞応募のWebフォーム「https://www.fom.fujitsu.com/goods/downloads/data/fpt2223/oubo.html」を入力し、「ウィンドウの状態」は「最大化」にします。

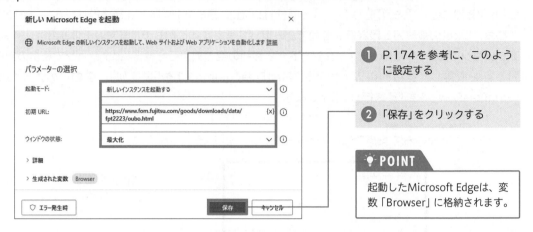

① P.174を参考に、このように設定する

② 「保存」をクリックする

❯ 繰り返し処理する

次に、「Loop」アクションをフロー最下部に追加し、Excelから取得したデータを繰り返し入力できるようにします。「開始値」は「0」とし、Excelデータが格納されている変数「ExcelData」の行数分を繰り返し処理しましょう。変数「ExcelData」の行数は、変数名の後にプロパティ「.RowsCount」を付けるとわかります。また、この変数に格納されるデータテーブル型は0から行が始まるため、「終了」は変数の行数から「1」を引いた値になり、「%ExcelData.RowsCount – 1%」と指定します。

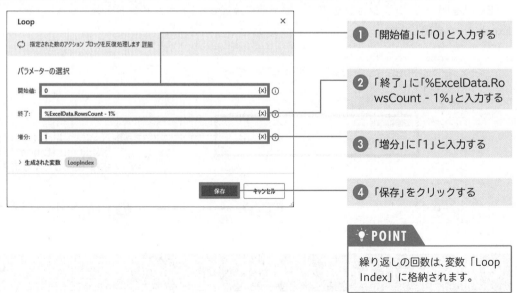

① 「開始値」に「0」と入力する

② 「終了」に「%ExcelData.RowsCount - 1%」と入力する

③ 「増分」に「1」と入力する

④ 「保存」をクリックする

❯ Webフォームに移動する

今回のWebフォームは、応募すると応募完了を知らせる別ページに移動してしまうため、繰り返し処理の最初に毎回、Webフォームに移動するようにします。そこで、「Loop」と「End」の間に「Webページに移動」アクションを追加し、WebフォームのURLを指定しましょう。

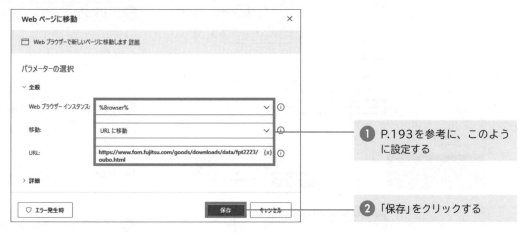

❶ P.193を参考に、このように設定する

❷ 「保存」をクリックする

❯ テキストフィールドに入力する

次に、テキストフィールドの「商品コード」にデータを入力しましょう。そのためには、「ブラウザー自動化」アクショングループの「Webフォーム入力」の「Webページ内のテキストフィールドに入力する」アクションを使います。これを「Loop」アクション内の「Webページに移動」アクションの下に追加します。アクション設定画面の「UI要素」で「商品コード」を選択し、「テキスト」で入力内容を指定します。商品コードの値はデータテーブル型の変数「ExcelData」の1列目（列番号0）に格納されており、変数「LoopIndex」で行番号を変えて繰り返し入力するため、「%ExcelData[LoopIndex][0]%」と指定します。

「メールアドレス」の入力も、同様に設定しましょう。

❶ 「ブラウザー自動化」アクショングループの「Webフォーム入力」の「Webページ内のテキストフィールドに入力する」アクションを「Webページに移動」アクションの下にドラッグして追加する

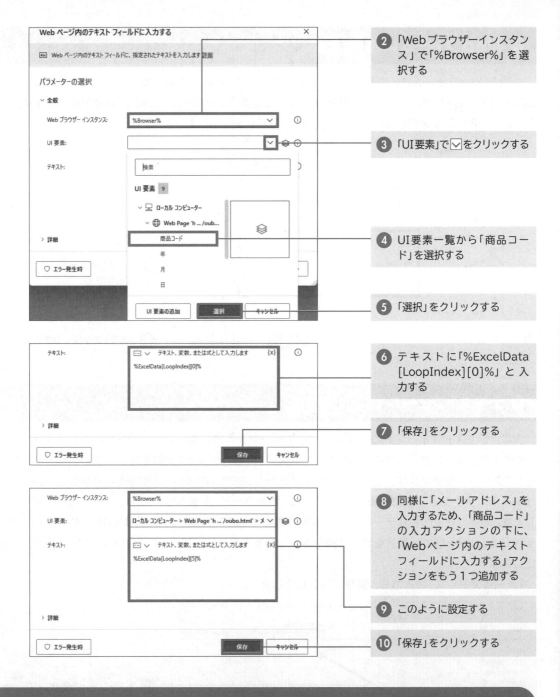

② 「Webブラウザーインスタンス」で「%Browser%」を選択する

③ 「UI要素」で☑をクリックする

④ UI要素一覧から「商品コード」を選択する

⑤ 「選択」をクリックする

⑥ テキストに「%ExcelData[LoopIndex][0]%」と入力する

⑦ 「保存」をクリックする

⑧ 同様に「メールアドレス」を入力するため、「商品コード」の入力アクションの下に、「Webページ内のテキストフィールドに入力する」アクションをもう1つ追加する

⑨ このように設定する

⑩ 「保存」をクリックする

❯ ドロップダウンリストを選択する

次に、「購入日」の「年」「月」「日」のドロップダウンリストを選択します。そのためには、「ブラウザー自動化」アクショングループの「Webフォーム入力」の「Webページでドロップダウンリストの値を設定します」アクションを使います。

設定画面の「操作」で「名前を使ってオプションを選択します」を選択し、「オプション名」で選択内容を指定します。年の値は変数「ExcelData」の2列目（列番号1）に格納されており、変数「LoopIndex」で行番号を変えて繰り返し選択するため、「%ExcelData[LoopIndex][1]%」と指定します。

「月」と「日」の選択も、同様に設定しましょう。

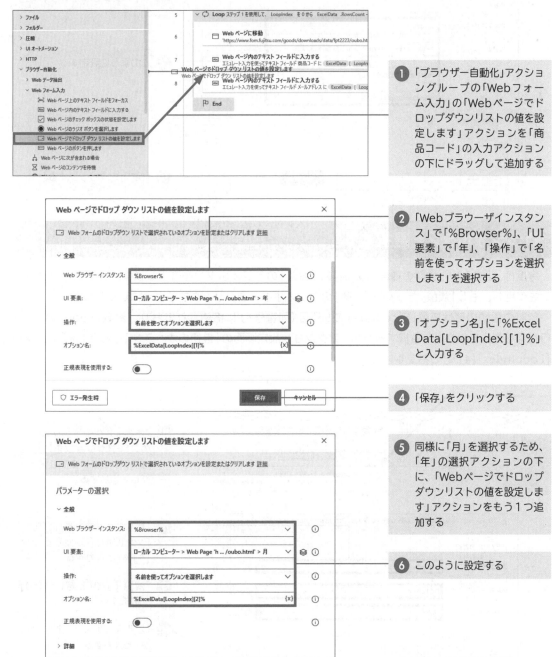

❶ 「ブラウザー自動化」アクショングループの「Webフォーム入力」の「Webページでドロップダウンリストの値を設定します」アクションを「商品コード」の入力アクションの下にドラッグして追加する

❷ 「Webブラウザーインスタンス」で「%Browser%」、「UI要素」で「年」、「操作」で「名前を使ってオプションを選択します」を選択する

❸ 「オプション名」に「%ExcelData[LoopIndex][1]%」と入力する

❹ 「保存」をクリックする

❺ 同様に「月」を選択するため、「年」の選択アクションの下に、「Webページでドロップダウンリストの値を設定します」アクションをもう1つ追加する

❻ このように設定する

❼ 「保存」をクリックする

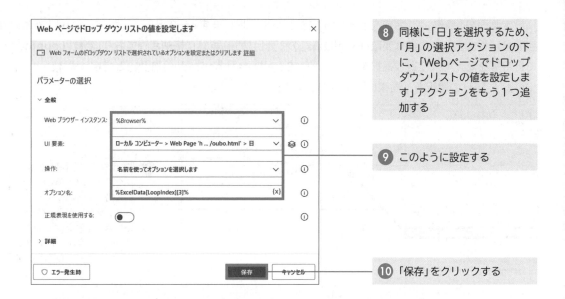

⑧ 同様に「日」を選択するため、「月」の選択アクションの下に、「Webページでドロップダウンリストの値を設定します」アクションをもう1つ追加する

⑨ このように設定する

⑩ 「保存」をクリックする

◉ ラジオボタンを選択する

　今度は、「購入した飲料の種類」の「炭酸」「お茶」のラジオボタンを選択します。まず「If」アクションを使用し、もし「炭酸」だったら「炭酸」のラジオボタンをクリックするようにしましょう。

　飲料の種類の値は変数「ExcelData」の5列目（列番号4）に格納されており、変数「LoopIndex」で行番号を変えて繰り返し選択するため、アクション設定画面の「最初のオペランド」には「%ExcelData[LoopIndex][4]%」と指定しましょう。

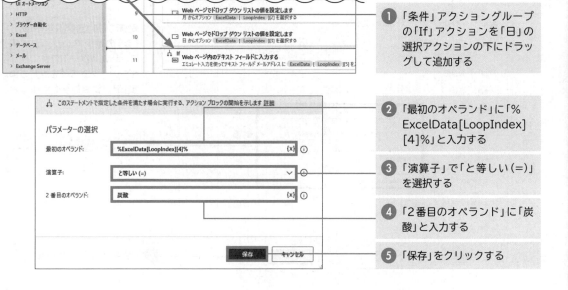

① 「条件」アクショングループの「If」アクションを「日」の選択アクションの下にドラッグして追加する

② 「最初のオペランド」に「%ExcelData[LoopIndex][4]%」と入力する

③ 「演算子」で「と等しい（=）」を選択する

④ 「2番目のオペランド」に「炭酸」と入力する

⑤ 「保存」をクリックする

続いて、「If」アクション内にラジオボタンを選択するアクションを追加します。それは、「ブラウザー自動化」アクショングループの「Webフォーム入力」の「Webページのラジオボタンを選択します」アクションです。設定画面では「UI要素」で「炭酸」を選択しましょう。

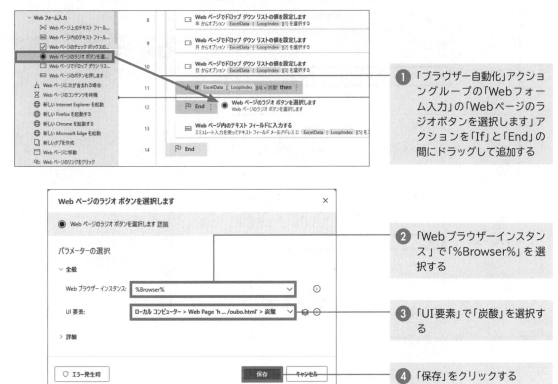

① 「ブラウザー自動化」アクショングループの「Webフォーム入力」の「Webページのラジオボタンを選択します」アクションを「If」と「End」の間にドラッグして追加する

② 「Webブラウザーインスタンス」で「%Browser%」を選択する

③ 「UI要素」で「炭酸」を選択する

④ 「保存」をクリックする

「お茶」のラジオボタン選択も、「If」アクション内に「Webページのラジオボタンを選択します」アクションをはさみ込み、もし「お茶」だったら「お茶」のラジオボタンをクリックするようにしましょう。このフローは「炭酸」の部分とそっくりなので、まず「炭酸」の部分のアクションを複製します。その後、条件が「お茶」になるよう、「If」アクションと「Webページのラジオボタンを選択します」アクションの設定を変更しましょう。

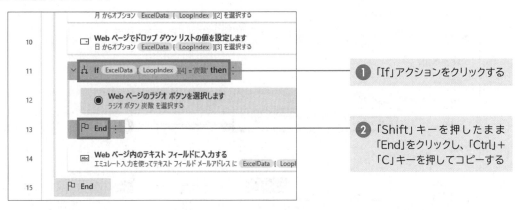

① 「If」アクションをクリックする

② 「Shift」キーを押したまま「End」をクリックし、「Ctrl」＋「C」キーを押してコピーする

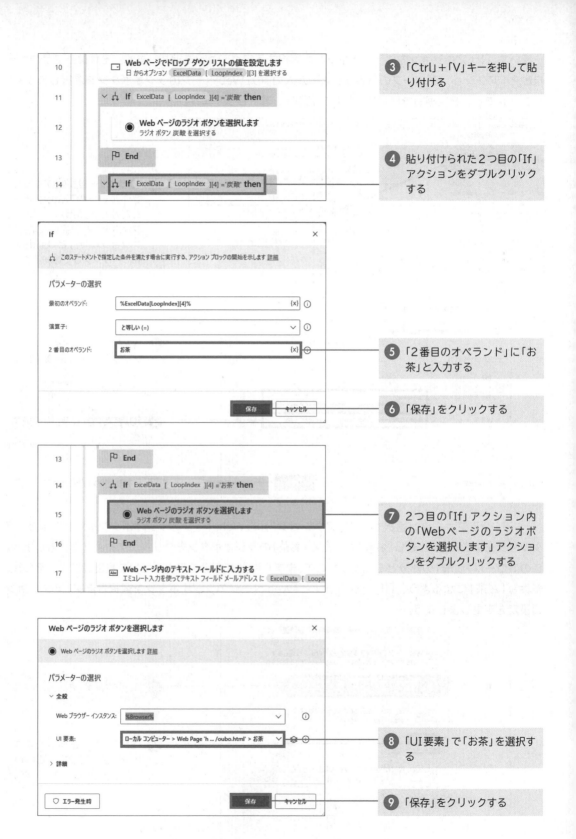

10　Web ページでドロップ ダウン リストの値を設定します
　　日 からオプション ExcelData [LoopIndex][3] を選択する

❸ 「Ctrl」＋「V」キーを押して貼り付ける

11　∨ ⚗ If ExcelData [LoopIndex][4] ='炭酸' then

12　　◉ Web ページのラジオ ボタンを選択します
　　　　ラジオ ボタン 炭酸 を選択する

13　⚑ End

14　⚗ If ExcelData [LoopIndex][4] ='炭酸' then

❹ 貼り付けられた2つ目の「If」アクションをダブルクリックする

If　　　　　　　　　　　　　　　　　　　　　　×

⚗ このステートメントで指定した条件を満たす場合に実行する、アクション ブロックの開始を示します 詳細

パラメーターの選択

最初のオペランド:　　　%ExcelData[LoopIndex][4]%　　　　　{x} ⓘ

演算子:　　　　　　　　と等しい (=)　　　　　　　　　∨　ⓘ

2 番目のオペランド:　　お茶　　　　　　　　　　　　　{x} ⊕

❺ 「2番目のオペランド」に「お茶」と入力する

　　　　　　　　　　　　　　　　　　　　保存　　キャンセル

❻ 「保存」をクリックする

13　⚑ End

14　∨ ⚗ If ExcelData [LoopIndex][4] ='お茶' then

15　　◉ Web ページのラジオ ボタンを選択します
　　　　ラジオ ボタン 炭酸 を選択する

16　⚑ End

17　🔤 Web ページ内のテキスト フィールドに入力する
　　　エミュレート入力を使ってテキスト フィールド メールアドレス に ExcelData [LoopI

❼ 2つ目の「If」アクション内の「Webページのラジオボタンを選択します」アクションをダブルクリックする

Web ページのラジオ ボタンを選択します　　　　　　　×

◉ Web ページのラジオ ボタンを選択します 詳細

パラメーターの選択

∨ 全般

Web ブラウザー インスタンス:　%Browser%　　　　　　　∨　ⓘ

UI 要素:　　　ローカル コンピューター > Web Page 'h ... /oubo.html' > お茶　∨ ⊜ ⊕

> 詳細

❽ 「UI 要素」で「お茶」を選択する

♡ エラー発生時　　　　　　　　　　　　保存　　キャンセル

❾ 「保存」をクリックする

CHAPTER 7　Web を操作しよう

❯ ボタンを押す

これですべての入力設定が終わったので、最後に「応募する」ボタンをクリックして応募します。ボタンはただクリックするだけのため元データはなく、繰り返し処理の最後にクリックするだけです。ボタンをクリックするには、「ブラウザー自動化」アクショングループの「Webフォーム入力」の「Webページのボタンを押します」アクションを使います。これを「Loop」アクションの「End」の前に追加しましょう。設定画面では、「UI要素」で「応募する」を選択します。

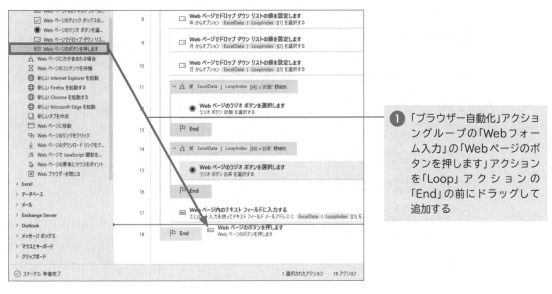

❶ 「ブラウザー自動化」アクショングループの「Webフォーム入力」の「Webページのボタンを押します」アクションを「Loop」アクションの「End」の前にドラッグして追加する

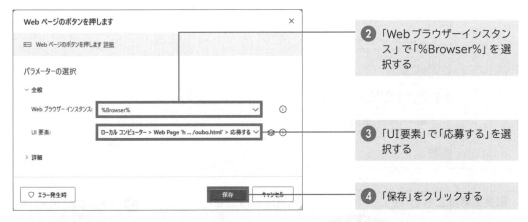

❷ 「Webブラウザーインスタンス」で「%Browser%」を選択する

❸ 「UI要素」で「応募する」を選択する

❹ 「保存」をクリックする

❯ フローを確認する

フローが完成しました。Microsoft Edgeを閉じ、フローデザイナーの▷をクリックして実行してみましょう。懸賞応募のWebフォームが表示され、入力と応募が5回行われれば成功です。

① ▷をクリックして実行する

🖫 保存	▷ 実行	☐ 停止 ▷❘ 次のアクションを... ⦿ レコーダー

σ❞ サブフロー ⌄ | Main

1 | ↗ **Excel の起動**
Excel を起動し、既存の Excel プロセスを使用してドキュメント 'C:\PAD_Web\応募.xlsx' を開き、Excel インスタンス `ExcelInstance` に保存します。

2 | ▦ **Excel ワークシートから読み取る**
列 1 行 2 から列 6 行 6 までの範囲のセルの値を読み取り、`ExcelData` に保存する

3 | ↙ **Excel を閉じる**
`ExcelInstance` に保存されている Excel インスタンスを閉じる

4 | ⊕ **新しい Microsoft Edge を起動**
Microsoft Edge を起動して、'https://www.fom.fujitsu.com/goods/downloads/data/fpt2223/oubo.html' に移動し、インスタンスを `Browser` に保存します

5 | ⌄ ↻ **Loop** ステップ 1 を使用して、 `LoopIndex` を 0 から `ExcelData` .RowsCount - 1 までループ処理します

6 | ▭ **Web ページに移動**
'https://www.fom.fujitsu.com/goods/downloads/data/fpt2223/oubo.html' に移動

7 | Abc **Web ページ内のテキスト フィールドに入力する**
エミュレート入力を使ってテキスト フィールド 商品コード に `ExcelData` [`LoopIndex`][0] を入力します

8 | ▭ **Web ページでドロップ ダウン リストの値を設定します**
年 からオプション `ExcelData` [`LoopIndex`][1] を選択する

9 | ▭ **Web ページでドロップ ダウン リストの値を設定します**
月 からオプション `ExcelData` [`LoopIndex`][2] を選択する

10 | ▭ **Web ページでドロップ ダウン リストの値を設定します**
日 からオプション `ExcelData` [`LoopIndex`][3] を選択する

11 | ⌄ ⋔ **If** `ExcelData` [`LoopIndex`][4] ='炭酸' **then**

12 | ⦿ **Web ページのラジオ ボタンを選択します**
ラジオ ボタン 炭酸 を選択する

13 | ⛿ **End**

14 | ⌄ ⋔ **If** `ExcelData` [`LoopIndex`][4] ='お茶' **then**

15 | ⦿ **Web ページのラジオ ボタンを選択します**
ラジオ ボタン お茶 を選択する

16 | ⛿ **End**

17 | Abc **Web ページ内のテキスト フィールドに入力する**
エミュレート入力を使ってテキスト フィールド メールアドレス に `ExcelData` [`LoopIndex`][5] を入力します

18 | ⊡ **Web ページのボタンを押します**
Web ページのボタン 応募する を押します

19 | ⛿ **End**

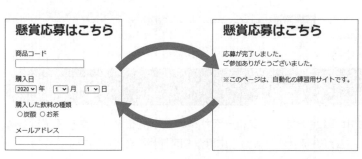

② 入力と応募が5回行われることを確認する

CHAPTER

7

Webを操作しよう

応用テクニックに
挑戦しよう

これまでに様々なフローを作成してきました
が、このCHAPTERでは、Wordを操作す
るものや、Excelマクロと連携するものなど、
さらに応用的なフローを作ります。難易度は
高くなりますが、これまでの知識を総動員し
て挑戦してみましょう。

43 Wordを操作する

Power AutomateにはExcelを直接扱うアクションが用意されている一方、Wordを直接扱うアクションはありません。このようにアクションが用意されていないアプリケーションを操作する場合の例として、Wordを操作するフローを作成します。

このSECTIONでやること

Wordのようなアクションが用意されていないアプリケーションを扱うため、「アプリケーションの実行」アクションが用意されています。このアクションを使って、Word文書「Word操作.docx」の6行目に目次を追加するフローを作成しましょう。あらかじめ、「Cドライブ」内に「PAD_EXTRA」フォルダーを作成し、編集を有効にした「Word操作.docx」を入れておいてください。

Power Automate で Word を動かす↵

Power Automate には、Excel を直接動かすアクションは用意されているものの、Word を直接動かすアクションはありません。↵

しかし、業務では Word を使う場合もあるでしょう。そのようなときはどうしたらよいのでしょうか。↵

> 6行目に目次を追加する

❯ Wordを開く

Wordを起動してWord文書を開くには、「システム」アクショングループの「アプリケーションの実行」アクションを使います。設定画面の「アプリケーションパス」にはWordの簡略化パス「winword」を入力し、「コマンドライン引数」には「/f C:\PAD_EXTRA\Word操作.docx」と入力します。なおこの「/f」は、既存ファイルに基づく新しいWord文書で開くよう指定するものです。

Word操作 | Power Automate

❶ 「Word操作」という名前でフローを新規作成する

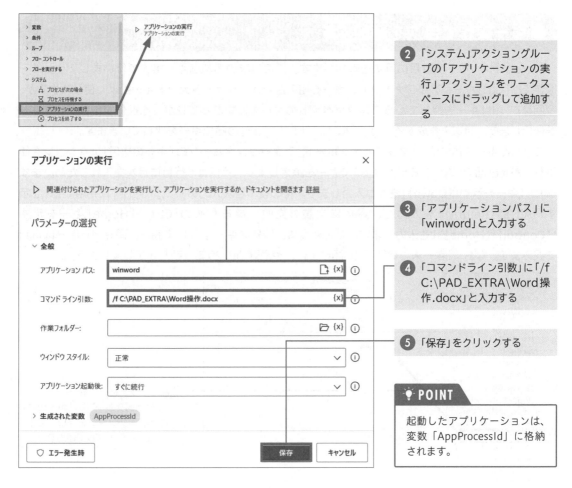

② 「システム」アクショングループの「アプリケーションの実行」アクションをワークスペースにドラッグして追加する

③ 「アプリケーションパス」に「winword」と入力する

④ 「コマンドライン引数」に「/f C:\PAD_EXTRA\Word操作.docx」と入力する

⑤ 「保存」をクリックする

POINT

起動したアプリケーションは、変数「AppProcessId」に格納されます。

「フローコントロール」アクショングループの「Wait」アクションを追加し、Wordが起動するまで5秒間待つようにしておきましょう。

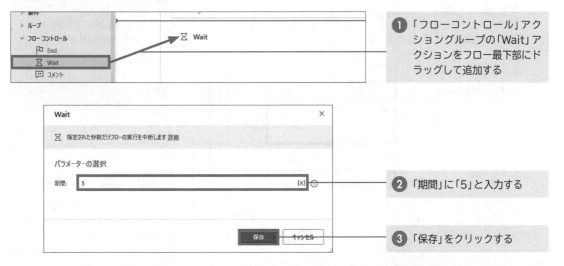

❶ 「フローコントロール」アクショングループの「Wait」アクションをフロー最下部にドラッグして追加する

❷ 「期間」に「5」と入力する

❸ 「保存」をクリックする

● キー操作で目次を追加する

　Wordが開くので、6行目に目次を追加します。この目次の追加はキー操作で行いましょう。キー操作では「Ctrl」キーとアルファベットのキーを組み合わせるショートカットキーがよく使われますが、今回は、「Alt」キーを押してからアルファベットのキーを押すことでリボンを操作するアクセスキーを使用します。目次を作成するには、「Alt」「S」「T」「Enter」の順でキーを押していきます。

　こうしたキー操作には、「マウスとキーボード」アクショングループの「キーの送信」アクションを使用し、設定画面の「送信するテキスト」でキーを指定します。今回は6行目に目次を入れるため、まずは「↓」キーを示す「{Down}」を5つ入力します。その後、目次入力の「Alt」「S」「T」「Enter」キーを示す「{Alt}ST{Return}」を入力し、最後に文書の先頭に戻るための「Ctrl」+「Home」キーを示す「{Control}({Home})」を入力します。このように、特殊なキーは「{}」で囲み、同時押しキーは「()」で囲みます。なお、「キー入力の間隔の遅延」では、やや遅めの20ミリ秒を指定しましょう。

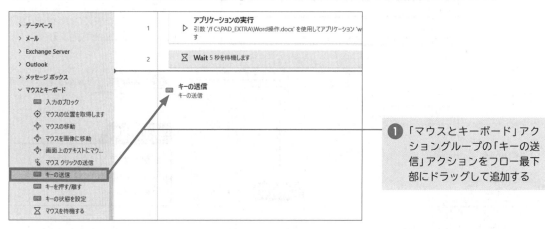

❶ 「マウスとキーボード」アクショングループの「キーの送信」アクションをフロー最下部にドラッグして追加する

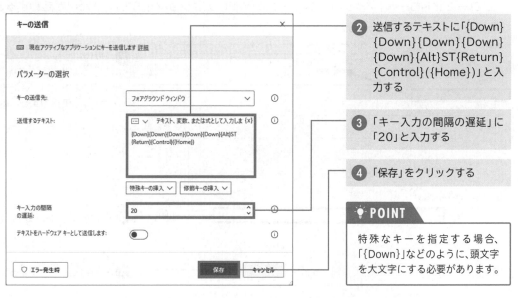

❷ 送信するテキストに「{Down}{Down}{Down}{Down}{Down}{Alt}ST{Return}{Control}({Home})」と入力する

❸ 「キー入力の間隔の遅延」に「20」と入力する

❹ 「保存」をクリックする

💡 POINT

特殊なキーを指定する場合、「{Down}」などのように、頭文字を大文字にする必要があります。

CHAPTER **8** 応用テクニックに挑戦しよう

❷ フローを確認する

これでフローが完成しました。フローデザイナーの ▷ をクリックして実行してみましょう。Word文書「Word操作.docx」に目次が追加されたら成功です。なお、Wordの編集が有効になっておらず、画面に保護ビューが表示されるとうまく動作しません。保護ビューが表示された場合は、「編集を有効にする」をクリックして再実行してみてください。

1 ▷ をクリックして実行する

	保存	▷ 実行	□ 停止	▷I 次のアクションを…	● レコーダー	🔍
σ° サブフロー ∨		**Main**				
1		**アプリケーションの実行** ▷ 引数 '/f C:\PAD_EXTRA\Word操作.docx' を使用してアプリケーション 'winword' を実行し、そのプロセス ID を AppProcessId に格納します				
2		⧗ **Wait** 5 秒を待機します				
3		**キーの送信** 次のキーストロークをフォアグラウンド ウィンドウに送信する: '{Down}{Down}{Down}{Down}{Down}{Alt}ST{Return}{Control}({Home})'				

Power Automate で Word を動かす↵

Power Automate には、Excel を直接動かすアクションは用意されているものの、
Word を直接動かすアクションはありません。↵
しかし、業務では Word を使う場合もあるでしょう。そのようなときはどうしたら
よいのでしょうか。↵

2 6行目に目次が挿入されることを確認する

▪内容↵

💡 **POINT**

Wordの目次は、文字列に見出しスタイルが設定してある場合に挿入できます。

✅ **COLUMN** **キーの指定方法**

「キーの送信」アクションでキーを指定する場合、アルファベットや数字のキーはそのまま指定します。ひらがなや漢字は確定前の状態で入力されることもあるため、「{Return}」で「Enter」キーを押す操作を入れましょう。また、「Ctrl」キーや「Alt」キーといった特殊なキーの入力方法がわからない場合は、「キーの送信」アクションの設定画面にある「特殊キーの挿入」や「修飾キーの挿入」をクリックして探すとよいでしょう。「特殊キー」は1つのキーで動作する「Tab」キーやカーソルキーなど、「修飾キー」は他のキーと組み合わせて使う「Shift」キーや「Ctrl」キーなどです。

CHAPTER **8** 応用テクニックに挑戦しよう

44 | Excelのマクロと連携してPDF出力する

Power Automateだけでは、ExcelファイルをPDF出力できません。しかし、Excelのマクロを併用することで、複数のPDFファイルを作成することができます。ここでは、Excelのマクロと連携してPDF出力するフローを作成してみましょう。

このSECTIONでやること

　Power Automateでも、Excelを自動化するマクロを使えばPDFファイルを出力できます。Power AutomateにはExcelのマクロを実行するアクションがあるため、必要なマクロを作っておけば自動化できます。今回はマクロと連携し、Excelブック「在庫表.xlsx」をPDFファイルとして出力するフローを作りましょう。

　「在庫表.xlsx」には1月〜3月までの在庫の記録が入っており、「在庫レポート」シートのセルC3に月の数値を入力すれば、自動的にシートが計算されるように計算式が入っています。セルC3の数値を変更し、1月〜3月それぞれの内容をPDF出力するようにしましょう。PDF出力はExcelのマクロが行い、Power Automateは、1月〜3月の繰り返し処理と、Excelへの数字の書き込み、マクロの実行を担当します。Excelのマクロは、マクロの記録機能で作成し、一部を編集して仕上げます。

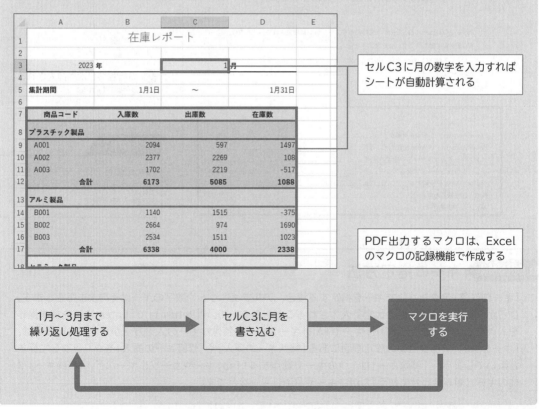

セルC3に月の数字を入力すればシートが自動計算される

PDF出力するマクロは、Excelのマクロの記録機能で作成する

1月〜3月まで繰り返し処理する → セルC3に月を書き込む → マクロを実行する

❯ Excel ブックを確認する

「C ドライブ」内に「PAD_EXTRA」フォルダーを作成し、ブック「在庫表.xlsx」入れたうえで、このブックを開きます。「在庫レポート」シートのセルC3に「1」〜「3」の数値を入力すると、その月の在庫が自動計算されるようになっています。データは「入庫一覧」シートと「出庫一覧」シートにあり、そのデータを集計関数で計算する仕組みです。

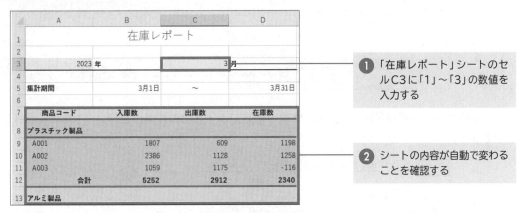

❶ 「在庫レポート」シートのセルC3に「1」〜「3」の数値を入力する

❷ シートの内容が自動で変わることを確認する

❯ Excel マクロを記録する

PDF ファイルを出力するマクロを、マクロの記録機能でブック「在庫表.xlsx」に作成していきましょう。Excelの「表示」タブの「マクロ」から「マクロの記録」をクリックすると操作の記録が始まるので、PDF ファイルを作成する操作を行います。PDF ファイルの作成は、「ファイル」タブの「エクスポート」から「PDF/XPSの作成」をクリックして行います。マクロ名は、「PDF作成」にしましょう。

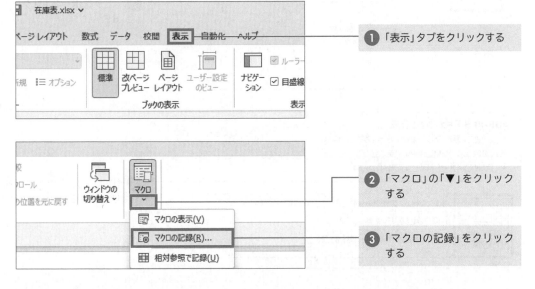

❶ 「表示」タブをクリックする

❷ 「マクロ」の「▼」をクリックする

❸ 「マクロの記録」をクリックする

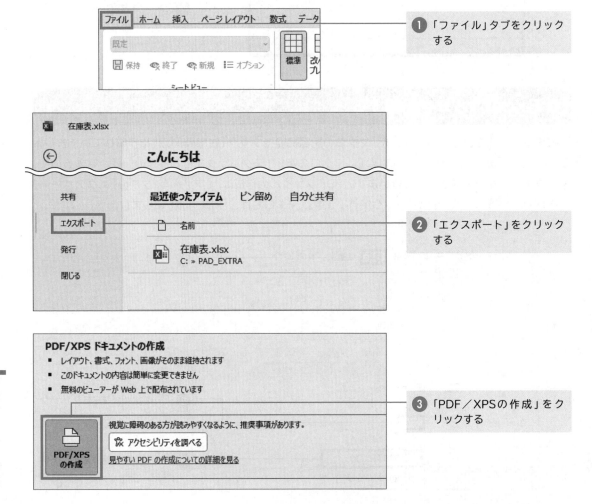

④「マクロ名」に「PDF作成」と入力する

⑤「マクロの保存先」で「作業中のブック」を選択する

⑥「OK」をクリックする

ここからマクロの記録が始まります。慎重にPDFファイルの作成操作を行い、マクロに記録していきましょう。

①「ファイル」タブをクリックする

②「エクスポート」をクリックする

PDF/XPS ドキュメントの作成
- レイアウト、書式、フォント、画像がそのまま維持されます
- このドキュメントの内容は簡単に変更できません
- 無料のビューアーが Web 上で配布されています

視覚に障碍のある方が読みやすくなるように、推奨事項があります。

🐾 アクセシビリティを調べる

見やすい PDF の作成についての詳細を見る

③「PDF／XPSの作成」をクリックする

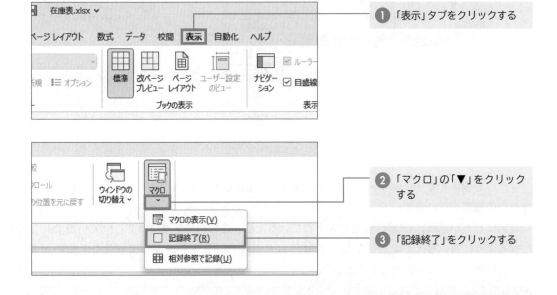

④ 「PAD_EXTRA」フォルダー
　を選択する

⑤ 「ファイル名」に「XXX月在
　庫レポート」と入力する

⑥ 「発行」をクリックする

　PDFファイルの作成操作が終わりました。マクロの記録を終了するため、「表示」タブの「マクロ」
から「記録終了」をクリックします。

① 「表示」タブをクリックする

② 「マクロ」の「▼」をクリック
　する

③ 「記録終了」をクリックする

❷ Excelマクロを編集する

　「PDF作成」マクロができましたが、このマクロをそのまま使ってしまうと、すべてのPDFファイ
ルが「XXX月在庫レポート.pdf」という名前で保存されてしまいます。そこで、「XXX」の部分を変えて、
その月ごとのファイル名で保存するようにしましょう。
　今回は、セルC3の月の数字をファイル名に反映する編集を行います。そのためには「表示」タブの「マ
クロの表示」をクリックします。

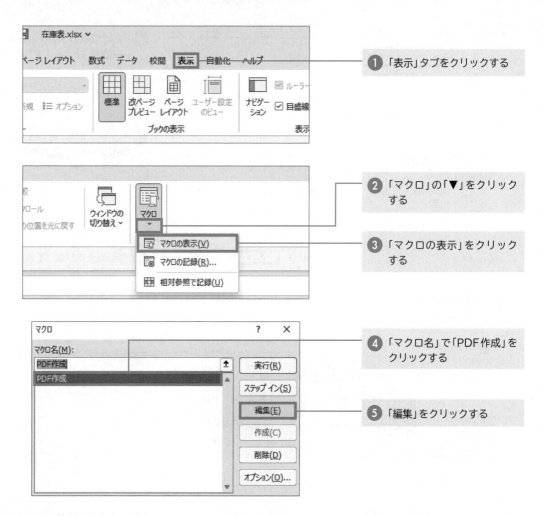

① 「表示」タブをクリックする

② 「マクロ」の「▼」をクリックする

③ 「マクロの表示」をクリックする

④ 「マクロ名」で「PDF作成」をクリックする

⑤ 「編集」をクリックする

　マクロを編集するVisual Basic Editorが起動し、記録したマクロの内容が表示されます。ここからマクロの編集を行います。

　月名にしたい箇所は「XXX月」と指定されているため、この部分を見つけて、「XXX」をセルC3の値になるように書き換えます。セルC3の値は「" & Range("C3").Value & "」で取得できます。「&」の前後には半角スペースを入力してください。

① 記録内容から「XXX月在庫レポート」を探す

```
ActiveSheet.ExportAsFixedFormat Type:=xlTypePDF, Filename:= _
    "C:¥PAD_EXTRA¥XXX月在庫レポート.pdf", Quality:=xlQualityStandard, _
    IncludeDocProperties:=True, IgnorePrintAreas:=False, OpenAfterPublish:= _
    False
End Sub
```

② 「XXX」を消し、消した場所に「" & Range("C3").Value & "」と入力する

```
ActiveSheet.ExportAsFixedFormat Type:=xlTypePDF, Filename:= _
    "C:¥PAD_EXTRA¥" & Range("C3").Value & "月在庫レポート.pdf", Quality:=xlQualityStandard, _
    IncludeDocProperties:=True, IgnorePrintAreas:=False, OpenAfterPublish:= _
    False
End Sub
```

③ 「×」をクリックしてVisual Basic Editorを閉じる

❯ Excelブックをマクロブックとして保存する

　マクロを記録したブックは、マクロブックとして保存します。名前を付けて保存できるショートカットキーの「F12」キーを押し、ファイル名を「在庫表マクロ」とし、ファイルの形式を「Excelマクロ有効ブック」として保存します。

① 「F12」キーを押す

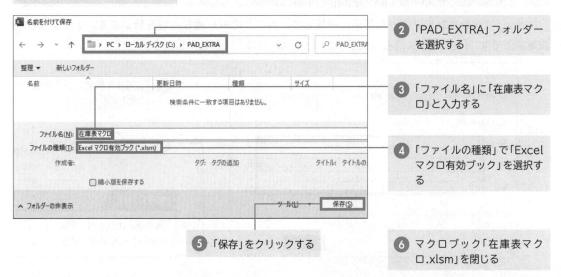

② 「PAD_EXTRA」フォルダーを選択する

③ 「ファイル名」に「在庫表マクロ」と入力する

④ 「ファイルの種類」で「Excelマクロ有効ブック」を選択する

⑤ 「保存」をクリックする

⑥ マクロブック「在庫表マクロ.xlsm」を閉じる

Excel マクロブックを開く

ここからはPower Automateでフローを作成していきます。まずは「Excelの起動」アクションをワークスペースに追加して、マクロが記録されたマクロブック「在庫表マクロ.xlsm」を開きます。

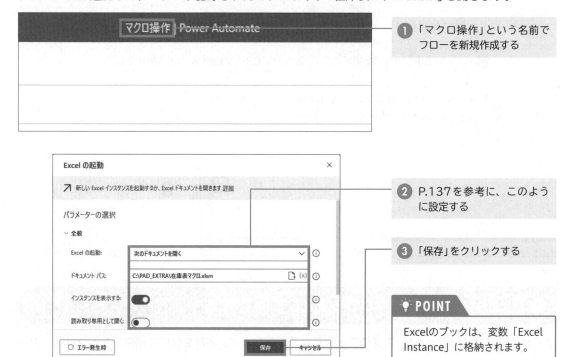

① 「マクロ操作」という名前でフローを新規作成する

② P.137を参考に、このように設定する

③ 「保存」をクリックする

POINT

Excelのブックは、変数「Excel Instance」に格納されます。

繰り返し処理する

「Loop」アクションをフロー最下部に追加して、月ごとの繰り返し処理を行います。アクションの設定画面では、「開始値」は「1」、「終了」は「3」、「増分」は「1」としましょう。

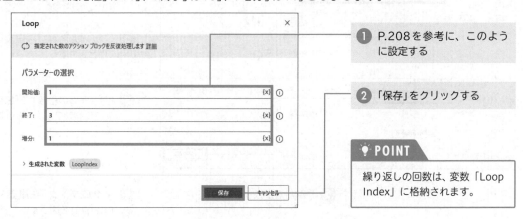

① P.208を参考に、このように設定する

② 「保存」をクリックする

POINT

繰り返しの回数は、変数「Loop Index」に格納されます。

◆ 繰り返し回数をセルに入力する

セルC3に繰り返し回数を入力するため、「Excel ワークシートに書き込む」アクションを「Loop」と「End」の間に追加します。セルC3に、繰り返し回数が格納されている変数「LoopIndex」を書き込むように設定しましょう。

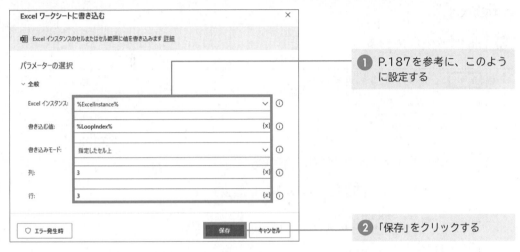

① P.187を参考に、このように設定する

② 「保存」をクリックする

◆ Excel マクロを実行する

最後にExcelマクロを実行するため、「Excel」アクショングループの「詳細」の「Excelマクロの実行」アクションを、「Excel ワークシートに書き込む」アクションの下に追加します。設定画面では、「マクロ」でマクロ名の「PDF作成」を指定しましょう。

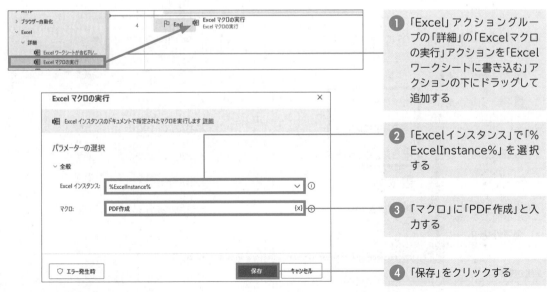

① 「Excel」アクショングループの「詳細」の「Excelマクロの実行」アクションを「Excelワークシートに書き込む」アクションの下にドラッグして追加する

② 「Excelインスタンス」で「%ExcelInstance%」を選択する

③ 「マクロ」に「PDF作成」と入力する

④ 「保存」をクリックする

❷ フローを確認する

これでフローが完成しました。フローデザイナーの ▷ をクリックして実行してみましょう。

Excelが起動し、マクロブック「在庫表マクロ.xlsm」が開き、「PAD_EXTRA」フォルダーに「1月在庫レポート.pdf」「2月在庫レポート.pdf」「3月在庫レポート.pdf」の3つのPDFファイルが作成されれば成功です。

① ▷ をクリックして実行する

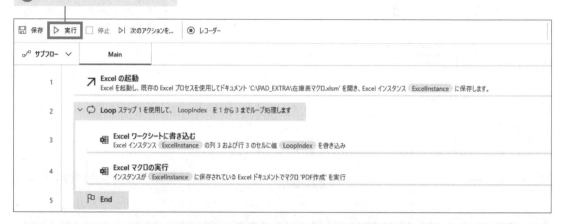

② 「PAD_EXTRA」フォルダーに3つのPDFファイルが作成されていることを確認する

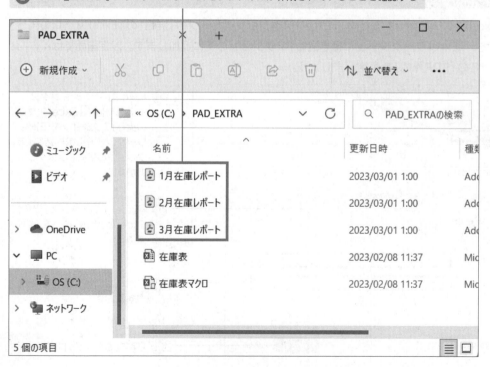

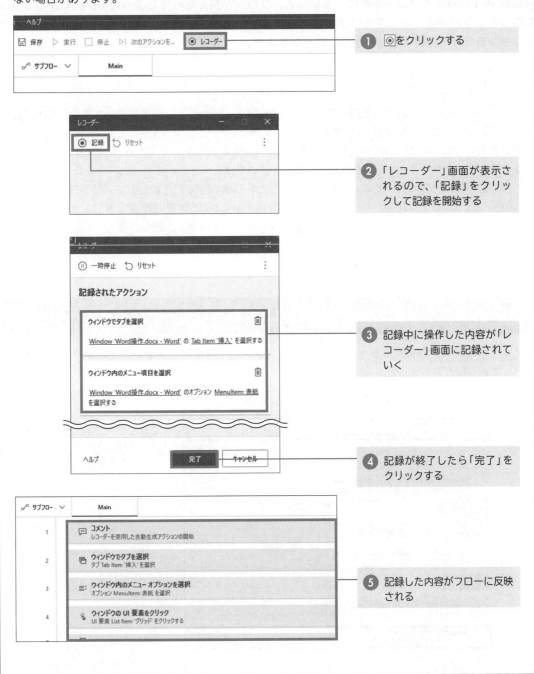

● COLUMN レコーダー機能

Excelにはマクロの記録機能がありますが、Power Automateにも同様のレコーダー機能があります。以下の手順で、手動操作を記録してフローを作成できます。なお、操作内容によっては正しく記録できない場合があります。

❶ ◎をクリックする

❷ 「レコーダー」画面が表示されるので、「記録」をクリックして記録を開始する

❸ 記録中に操作した内容が「レコーダー」画面に記録されていく

❹ 記録が終了したら「完了」をクリックする

❺ 記録した内容がフローに反映される

CHAPTER **8** 応用テクニックに挑戦しよう

231

≫45 サブフローを活用する

Power Automateでフローを作成していると、フローが長くなってしまったり、同じアクションの組み合わせが何度も出てきたりすることもあるでしょう。そのような場合は、サブフローにアクションを分けて整理するとわかりやすくなります。

このSECTIONでやること

　サブフローとは、これまで使用してきたメインフロー「Main」とは別に用意できるフローのことです。メインフローの特定部分に「サブフローの実行」アクションを挿入するとサブフローを呼び出せるため、フローが長い場合や、同じ処理が何度も出てくる場合は、フローの一部をサブフローにまとめて、メインフローから呼び出す形にするとよいでしょう。

　今回は、SECTION 42で作成した懸賞応募のフロー「Web連携3」を流用し、応募を行うアクション部分をサブフローに移し、その部分をメインフローから呼び出す形に変更しましょう。フローを変更する前に、「Cドライブ」内に「PAD_Web」フォルダーを用意し、飲料の購入情報がまとめられた「応募.xlsx」を入れておいてください。

❷ 一部のアクションをサブフローに移す

　フロー「Web連携3」の6行目〜18行目のアクションが、応募を行う部分です。まずはこの部分を選択して切り取りましょう。

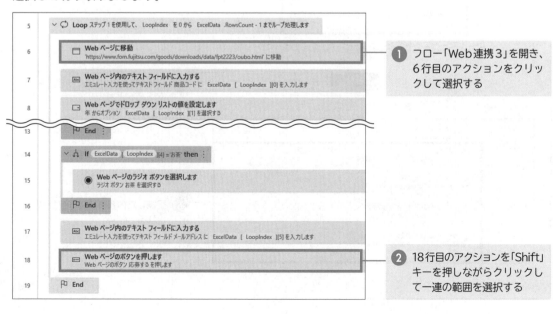

❶ フロー「Web連携3」を開き、6行目のアクションをクリックして選択する

❷ 18行目のアクションを「Shift」キーを押しながらクリックして一連の範囲を選択する

③ メニューバーの「編集」をクリックする

④ 「切り取り」をクリックする

　「サブフロー」から「新しいサブフロー」をクリックしてサブフロー「oubo」を作成し、切り取った部分を貼り付けます。

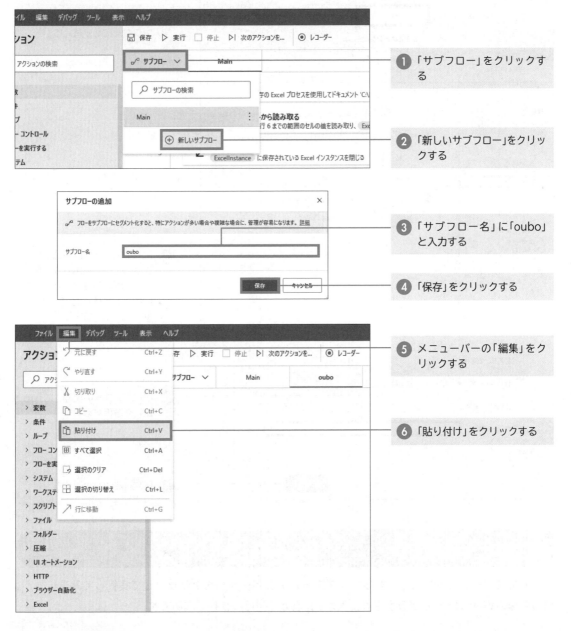

① 「サブフロー」をクリックする

② 「新しいサブフロー」をクリックする

③ 「サブフロー名」に「oubo」と入力する

④ 「保存」をクリックする

⑤ メニューバーの「編集」をクリックする

⑥ 「貼り付け」をクリックする

● サブフローを呼び出す

メインフロー「Main」に戻り、サブフロー「oubo」を呼び出しましょう。そのためには、「フローコントロール」アクショングループの「サブフローの実行」アクションを、サブフローに移し替えたアクションがあった部分に追加します。

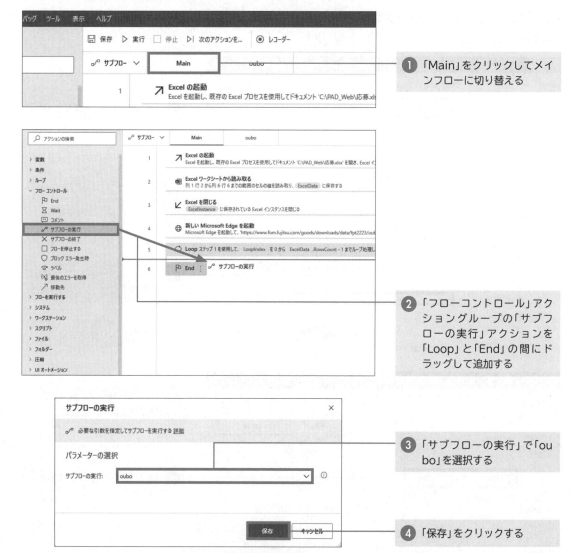

❶ 「Main」をクリックしてメインフローに切り替える

❷ 「フローコントロール」アクショングループの「サブフローの実行」アクションを「Loop」と「End」の間にドラッグして追加する

❸ 「サブフローの実行」で「oubo」を選択する

❹ 「保存」をクリックする

● フローを確認する

これでフローの編集が完了しました。フローデザイナーの▷をクリックして実行してみましょう。懸賞応募のWebフォームが表示され、入力と応募が5回行われれば成功です。

①「oubo」をクリックし、サブフローがこのように組み立てられていることを確認する

②「Main」をクリックし、メインフローがこのように組み立てられていることを確認する

③ ▷をクリックして実行し、応募が5回行われることを確認する

索 引

よくわかる
Power Automateで
はじめる業務自動化入門

（FPT2223）

2023年5月14日　初版発行

著作／制作：株式会社富士通ラーニングメディア

発行者：青山　昌裕

発行所：FOM出版（株式会社富士通ラーニングメディア）
エフオーエム
　　　　〒212-0014 神奈川県川崎市幸区大宮町1番地5 JR川崎タワー
　　　　https://www.fom.fujitsu.com/goods/

印刷／製本：アベイズム株式会社

制作協力：株式会社 理感堂／株式会社ライラック